Leitfäden der Informatik

R. Drechsler / B. Becker
Graphenbasierte Funktionsdarstellung

Leitfäden der Informatik

Herausgegeben von

Prof. Dr. Hans-Jürgen Appelrath, Oldenburg
Prof. Dr. Volker Claus, Stuttgart
Prof. Dr. Dr. h.c. mult. Günter Hotz, Saarbrücken
Prof. Dr. Lutz Richter, Zürich
Prof. Dr. Wolffried Stucky, Karlsruhe
Prof. Dr. Klaus Waldschmidt, Frankfurt

Die Leitfäden der Informatik behandeln

- Themen aus der Theoretischen, Praktischen und Technischen Informatik entsprechend dem aktuellen Stand der Wissenschaft in einer systematischen und fundierten Darstellung des jeweiligen Gebietes.
- Methoden und Ergebnisse der Informatik, aufgearbeitet und dargestellt aus Sicht der Anwendungen in einer für Anwender verständlichen, exakten und präzisen Form.

Die Bände der Reihe wenden sich zum einen als Grundlage und Ergänzung zu Vorlesungen der Informatik an Studierende und Lehrende in Informatik-Studiengängen an Hochschulen, zum anderen an „Praktiker", die sich einen Überblick über die Anwendungen der Informatik(-Methoden) verschaffen wollen; sie dienen aber auch in Wirtschaft, Industrie und Verwaltung tätigen Informatikern und Informatikerinnen zur Fortbildung in praxisrelevanten Fragestellungen ihres Faches.

Graphenbasierte Funktionsdarstellung

Boolesche und Pseudo-Boolesche Funktionen

Von Dr. phil. nat. Rolf Drechsler
und Prof. Dr. rer. nat. Bernd Becker
Universität Freiburg

B. G. Teubner Stuttgart 1998

Dr. phil. nat. Rolf Drechsler

Geboren 1969 in Rüsselsheim. Studium der Informatik und Mathematik an der Johann Wolfgang Goethe-Universität in Frankfurt am Main (1988 bis 1992), 1995 Promotion. Seit 1996 wiss. Assistent am Institut für Informatik der Albert-Ludwigs-Universität Freiburg.

Prof. Dr. rer. nat. Bernd Becker

Geboren 1954 in Hermeskeil. Studium der Mathematik und Informatik an der Universität des Saarlandes (1973 bis 1979). 1982 Promotion und 1988 Habilitation. Von 1989 bis 1995 Professor (Komplexitätstheorie und Effiziente Algorithmen) an der Johann Wolfgang Goethe-Universität in Frankfurt am Main, seit 1995 Professor (Rechnerarchitektur) an der Albert-Ludwigs-Universität in Freiburg.

Die Deutsche Bibliothek – CIP-Einheitsaufnahme

Drechsler, Rolf:
Graphenbasierte Funktionsdarstellung : Boolesche und Pseudo-Boolesche Funktionen / von Rolf Drechsler und Bernd Becker. – Stuttgart : Teubner, 1998
(Leitfäden der Informatik)
ISBN 978-3-519-02149-0 ISBN 978-3-663-01442-3 (eBook)
DOI 10.1007/978-3-663-01442-3

Gesamtherstellung: Zechnersche Buchdruckerei GmbH, Speyer
Einband: Peter Pfitz, Stuttgart

Für

Monika, Michael, Marvin und Miklas

und

Usch, Bastian, Ruben und Johanna

Ach Gott! die Kunst ist lang;
Und kurz ist unser Leben.
Mir wird, bei meinem kritischen Bestreben,
Doch oft um Kopf und Busen bang.
Wie schwer sind nicht die Mittel zu erwerben,
Durch die man zu den Quellen steigt!
Und eh man nur den halben Weg erreicht,
Muß wohl ein armer Teufel sterben.

Johann Wolfgang von Goethe, Faust I, 1808

Vorwort

Kompakte Darstellung und effiziente Manipulation Boolescher Funktionen sind in vielen Bereichen, insbesondere des computergestützten Schaltkreisentwurfes, zentrale Aufgaben. Im Hinblick auf Anwendungen ist es dabei von großem Interesse, einen guten Kompromiß zwischen den oben angesprochenen, sich "widersprechenden" Zielen, *Kompaktheit* und *Effizienz*, zu finden.

Besonderer Beliebtheit erfreuen sich in diesem Zusammenhang die von Bryant 1986 eingeführten *Ordered Binary Decision Diagrams* (OBDDs): Sie werden insbesondere in den Bereichen *Verifikation* und *Logiksynthese* auch industriell erfolgreich eingesetzt.

Mit wachsender Zahl von Anwendungen sind auch inhärente Nachteile sichtbar geworden und haben vor allem in den letzten drei Jahren zu Weiterentwicklungen des Basiskonzeptes geführt. Dabei hat sich eine ganze Familie von graphenbasierten Funktionsdarstellungen entwickelt, die je nach Anwendungsgebiet Vorteile gegenüber den klassischen OBDDs bieten.

In diesem Buch wird eine Klassifizierung der verschiedenen Ansätze sowohl aus theoretischer wie auch praktischer Sicht gegeben. Es werden diverse Datenstrukturen für Boolesche (und Pseudo-Boolesche) Funktionen vorgestellt und deren Vor- und Nachteile untersucht. Das Buch wendet sich sowohl an den Einsteiger als einführende Darstellung als auch an den erfahrenen Benutzer. Es werden verschiedene Anwendungen diskutiert, die dem Leser ein tieferes Verständnis der Materie ermöglichen.

Grundlage des Buches ist sowohl die Dissertationsschrift des Erstautors als auch Materialien zu der Vorlesung "Datenstrukturen und effiziente Algorithmen", die der Zweitautor an der Johann Wolfgang Goethe-Universität in Frankfurt am Main über mehrere Jahre hinweg hielt.

In diesem Zusammenhang sei unserem Fachkollegen Prof. Hans Eveking gedankt, der sich als Zweitgutachter zu obiger Dissertation zur Verfügung stellte.

Weiterhin haben viele Diskussionen mit den Forschungsgruppen von Prof. Christoph Meinel, Prof. Paul Molitor und Prof. Ingo Wegener wesentlich zur Gestaltung des Buches beigetragen.

Wir möchten all denen danken, die in den vergangenen Jahren intensiv durch Zusammenarbeiten zu diesem Buch beigetragen haben: Stefan Eckrich, Reinhard Enders, Dr. Ralf Hahn, Thilo Harich, Dr. Joachim Hartmann, Harry Hengster, Andreas Hett, Stefan Höreth, Andrea Jahnke, Martin Keim, Dr. Rolf Krieger, Michael Martin, Dirk Möller, Konrad Novak, Prof. Marek Perkowski, Tonja Pfeiffer, Stefan Ruppertz, Andisheh Sarabi, Horst Schäfer, Michael Theobald, Dr. Ralph Werchner. Ohne ihre Hilfe wäre die oftmals aufwendige Entwicklung und Umsetzung der im folgenden beschriebenen Konzepte nicht in dieser Form möglich gewesen.

Unser besonderer Dank gilt den Korrekturlesern Dr. Ursula Becker, Nicole Göckel, Wolfgang Günther und Dr. Christoph Scholl für die sorgfältige Durchsicht des Buches und zahlreiche konstruktive Verbesserungsvorschläge.

Abschließend danken wir dem Teubner Verlag, insbesondere Dr. Peter Spuhler, für die reibungslose Zusammenarbeit und Prof. Günter Hotz für vertrauensvolle Unterstützung, nicht nur bei der Herausgabe des vorliegenden Buches.

Freiburg im Breisgau, im November 1997

Rolf Drechsler

Bernd Becker

Inhaltsverzeichnis

1 Einleitung

Integrierte Schaltkreise haben in den vergangenen Jahren massiv unsere Umwelt verändert. Der Computer hat in vielen Lebensbereichen Zugang gefunden und ist dort inzwischen unersetzlich. Auch bei vielen Dingen des täglichen Lebens, wie z.B. Fernsehern, Radios und Küchengeräten, werden Mikrochips verstärkt eingesetzt. Die damit verbundenen "Bequemlichkeiten" werden als selbstverständlich angenommen und für die nächste Generation werden weitere Fortschritte gefordert bzw. fast zwingend erwartet. Dieser Trend verstärkt sich, wenn man an sogenannte *High Tech*-Bereiche denkt, wie sie sich z.B. hinter Schlagworten wie *Video Conferencing*, *Virtual Reality*, *Information Highways* und *Globale Kommunikationsnetzwerke* verbergen. Allgemein sind Steigerung der Rechenkapazitäten und Performanzoptimierung in VLSI-Systemen typische Anforderungen, die von Seiten der Nutzer und Anwender an die Systementwickler gestellt werden.

Durch technologische Fortschritte in den vergangenen Jahren sind diese Wünsche prinzipiell erfüllbar. Allerdings können die Möglichkeiten nur umgesetzt werden, wenn parallel mit steigender Integrationsdichte auch die "Fähigkeiten" der Werkzeuge wachsen, die den Chipentwurf notwendigerweise unterstützen müssen. In diesem Zusammenhang sei die Entwicklung der *Intel*-Prozessoren angeführt: Der *Intel 8080*-Prozessor aus dem Jahre 1970 bestand aus nur 5.000 Transistoren. Der von *Intel* im Jahre 1995 vorgestellte Prozessor PENTIUM PRO hatte schon mehr als 5 Millionen Transistoren. Diese Zahlen verdeutlichen die gestiegenen Anforderungen einerseits und die Notwendigkeit von Werkzeugen, die den Systementwurf unterstützen, andererseits. Es ist nicht möglich, ein Design von mehr als 5 Millionen Komponenten ohne (maschinelle) Entwurfsunterstützung zu überblicken.

Neben dem reinen Entwurf müssen weitere Aspekte, wie z.B. die Korrektheit der entworfenen Schaltung und deren Testbarkeit, betrachtet werden. Es gibt viele Bereiche, in denen Fehler, die durch Computer entstehen, zu enormen Problemen bis hin zu Katastrophen führen können [179]. Exemplarisch seien hier medizinische Anwendungen sowie Bereiche der Luft- und Raumfahrt genannt.

Ausgehend von der oben angedeuteten Problematik ist für den Informatiker die Entwicklung und Analyse von Datenstrukturen für den automatisierten Schaltungsentwurf von besonderem Interesse. Das vorliegende Buch ist diesem Themenkreis gewidmet.

Viele Probleme, die beim Schaltkreisentwurf auftreten, lassen sich in natürlicher Weise mit (Booleschen) Funktionen beschreiben. Daher sollten entsprechende Computerprogramme eine Datenstruktur zur Verfügung stellen, die eine effiziente Repräsentation und Manipulation von (Booleschen) Funktionen ermöglicht.

Als erfolgversprechende Methode zur Lösung dieses Problems haben sich in den vergangenen 10 Jahren graphenbasierte Darstellungen herausgestellt. Diese aus der englischsprachigen Literatur auch als *Decision Diagrams* (kurz: DDs) bekannten Strukturen wurden implementiert und in der Zwischenzeit in vielen Anwendungen erfolgreich eingesetzt [36, 37][1]. Bevor wir auf die Gliederung des Buches detaillierter eingehen, soll vorab ein Grobüberblick zur "Entstehungsgeschichte" der DDs gegeben werden.

Der "einfachste" DD-Typ zur Repräsentation und Manipulation Boolescher Funktionen sind *Ordered Binary Decision Diagrams* (OBDDs) [34]. Allerdings besitzt diese Datenstruktur auch Nachteile:

1. Es gibt für die Praxis relevante Funktionen, die sich durch OBDDs nicht effizient darstellen lassen. In [35] zeigte Bryant z.B., daß sich OBDDs nicht zur Darstellung von Multipliziererschaltkreisen eignen, da die Darstellung exponentielle Größe in der Anzahl der Eingabevariablen hat.

2. Für manche Anwendungen sind OBDDs nicht *problemspezifisch*, d.h. die zu lösenden Probleme lassen sich nur schwer und umständlich durch OBDDs beschreiben. Andere Datenstrukturen sind eventuell besser geeignet.

Es wurden von vielen Autoren Methoden vorgeschlagen, wie man OBDDs verallgemeinern kann, so daß sich die in 1. erwähnten Probleme für Spezialfälle beseitigen lassen [175, 41, 94, 95]. Bei diesen Ansätzen geht jedoch die Kanonizität der Darstellung verloren, d.h. es kann im allgemeinen nicht effizient überprüft werden, ob zwei dargestellte Funktionen identisch sind. Dies ist jedoch eine

[1]Die Bezeichnung *Decision Diagram* hat sich auch im deutschen Sprachraum weitgehend durchgesetzt, so daß wir in diesem Fall (und in weiteren ähnlich gelagerten) darauf verzichten, eine äquivalente deutsche Bezeichnung — hier *Entscheidungsdiagramm* — einzuführen.

Eigenschaft, die häufig benötigt wird. Somit sind die genannten Erweiterungen oftmals nur für spezielle Anwendungen geeignet.

Eine Alternative zu OBDDs stellen *Ordered Functional Decision Diagrams* (OFDDs) [96] dar. Diese können zum Teil die in 2. angesprochenen Probleme lösen (siehe z.B. [151, 169]), allerdings ergeben sich analoge Probleme wie bei OBDDs. So gibt es z.B. Funktionen, die sich nur als OBDD (OFDD) "gut" darstellen lassen, umgekehrt aber als OFDD (OBDD) nur "schlechte" Darstellungen besitzen. Es wäre daher wünschenswert eine Datenstruktur zu haben, die sowohl die Verwendung von OBDDs als auch von OFDDs ermöglicht.

In [68] wurde die Datenstruktur *Ordered Kronecker Functional Decision Diagram* (OKFDD) zur Repräsentation und Manipulation Boolescher Funktionen vorgestellt, die eine echte Obermenge von OBDDs und OFDDs definiert. Erstmalig wurden KFDDs in [139] und [148] zur Erzeugung kleiner Darstellungen Boolescher Funktionen eingesetzt. Es konnte gezeigt werden, daß sich dieser Ansatz signifikant erweitern läßt. Es wurden sowohl theoretische als auch praktische Aspekte herausgearbeitet, die zeigten, wie die neue Datenstruktur im Bezug auf zuvor bekannte einzuordnen ist. Dabei wurden zahlreiche erfolgreiche Anwendungsmöglichkeiten aufgezeigt [69, 61]. Allerdings wurden aufgrund der durchgeführten Studien auch Nachteile sichtbar. So lies sich auch bei OKFDDs keine effiziente Repräsentation für die Multipliziererfunktion ableiten.

Erste Ansätze zur Darstellung von Pseudo-Booleschen Funktionen[2] mittels DDs wurden in [104] vorgestellt und dann z.B. in [9, 52, 39, 51, 65] weiterentwickelt.

In diesem Buch werden die einzelnen DD-Typen eingeführt und vergleichend gegenübergestellt. Es werden sowohl theoretische Methoden als auch Implementierungstechniken beschrieben. Abschließend werden Erweiterungsmöglichkeiten und Anwendungen diskutiert.

Im einzelnen gliedert sich das Buch in 11 Kapitel, die im folgenden kurz umrissen werden sollen. Somit kann der Leser Schwerpunkte setzen und für ihn besonders relevante Teile auffinden. Am Ende der Kapitel finden sich Übungsaufgaben, die dem interessierten Leser zum tieferen Verständnis des Inhaltes empfohlen werden. (Die mit $*$ gekennzeichneten Aufgaben sind als schwierig anzusehen und können bei der ersten Bearbeitung übergangen werden.)

[2]Im folgenden bezeichnen wir Funktionen mit Booleschem Definitionsbereich und ganzzahligem Wertebereich als *Pseudo-Boolesche* oder auch *ganzzahlige* Funktionen.

In Kapitel 2 werden Definitionen und Notationen eingeführt, die im folgenden verwendet werden. Weiterhin werden Grundlagen zu DDs vermittelt und erste strukturelle Eigenschaften bewiesen. Die Resultate dieses Kapitels werden im weiteren häufig verwendet.

DDs zur Repräsentation Boolescher Funktionen werden in Kapitel 3 definiert. Es werden elementare Eigenschaften exemplarisch aufgezeigt und auch erste Optimierungmöglichkeiten in Form komplementierter Kanten besprochen.

Kapitel 4 beschreibt die Erweiterung der Basiskonzepte zur Darstellung von Pseudo-Booleschen Funktionen, d.h. von Funktionen über Booleschen Variablen, die jedoch ganzzahlige Werte annehmen können. Hierbei spielen Kantengewichte, die eine Verallgemeinerung von komplementierten Kanten darstellen, eine zentrale Rolle.

Die Größen der DDs für Boolesche und Pseudo-Boolesche Funktionen werden in Kapitel 5 aus theoretischer Sicht beleuchtet. Es werden Beispiele angegeben, bei denen es in der Darstellungsgröße zwischen verschiedenen DD-Typen exponentielle Unterschiede gibt. Weiterhin wird eine Beweistechnik beschrieben, die es ermöglicht, exponentielle untere Schranken für die Größe eines DDs zu beweisen.

In Kapitel 6 werden Manipulationsalgorithmen für DDs beschrieben. Hierbei werden verschiedene Algorithmen, wie z.B. Auswertung, Erfüllbarkeit und Synthese, unter Betrachtung des DD-Typs miteinander verglichen. Die hier beschriebenen Methoden bilden später die Grundlage für eine effiziente Implementierung. Der Rest des Kapitels widmet sich dem Problem des Auffindens einer guten Variablenordnung bei DDs. Die Wahl der Variablenordnung bestimmt wesentlich die Größe eines DDs. Es werden sowohl exakte als auch heuristische Verfahren vorgestellt.

Die Implementierung eines einfachen DD-Paketes wird in Kapitel 7 besprochen. Nach der Lektüre dieses Abschnittes ist der Leser in der Lage, ein eigenes DD-Paket zu schreiben und so auch eigene praktische Erfahrungen zu sammeln.

Kapitel 8 gibt anhand experimenteller Ergebnisse einen Eindruck von der praktischen Verwendbarkeit der einzelnen DD-Typen. Die zuvor besprochenen Minimierungsverfahren werden gegenübergestellt und verglichen.

In Kapitel 9 werden diverse Anwendungen von DDs diskutiert. Hier findet der Leser weitere "DD-Literatur", die ein tieferes Verständnis der Materie ermöglicht. Es werden Applikationen aus den Bereichen *Logiksynthese, Testen* und *Verifikation* vorgestellt.

Die in diesem Buch vorgestellten DD-Typen stellen nur die heute am häufigsten in der Praxis eingesetzten dar. In den vergangenen Jahren wurden jedoch (teilweise für spezielle Anwendungen) weitere Alternativen vorgeschlagen. Kapitel 10 gibt hier eine Kurzübersicht.

Abschließend werden die Resultate in Kapitel 11 zusammengefaßt und Erweiterungsmöglichkeiten diskutiert.

2 Decision Diagrams

2.1 Einleitung

In diesem Kapitel werden allgemeine Definitionen und Notationen angegeben, die für das Verständnis des Buches von Bedeutung sind.

Wir führen Boolesche und Pseudo-Boolesche Funktionen ein und untersuchen u.a., wie Funktionen in "einfachere" Teilfunktionen zerlegt werden können. Ausgehend von Graphen werden dann allgemeine *Decision Diagrams* (DDs), die wir in den folgenden Kapiteln zur Repräsentation von Funktionen benutzen werden, eingeführt und einige strukturelle Eigenschaften beschrieben. Insbesondere werden Reduktionsregeln zu DDs angegeben, die es erlauben, DDs in ihrer Größe zu reduzieren (und trotzdem keine Information zu verlieren).

Weitere für das Buch wichtige Begriffe, wie z.B. Kanonizität einer Darstellung, werden formal eingeführt.

2.2 Boolesche Funktionen, Pseudo-Boolesche Funktionen

Wir geben einen kurzen Überblick über Grundbegriffe der Booleschen Algebra, soweit sie für das folgende notwendig sind. Für weitere Details verweisen wir auf [86]. Desweiteren diskutieren wir kurz Verallgemeinerungen auf den "ganzzahligen" Fall.

Boolesche Variablen können die Werte aus $\mathbf{B} := \{0, 1\}$ annehmen und werden mit kleinen lateinischen Buchstaben bezeichnet, z.B. x, y, z. Die Zuordnung von Booleschen Variablen zu einer Indexmenge $I = \{1, \ldots, n\}$ kann durch eine Indizierung der Variablen mit Elementen aus I geschehen, z.B. $x_1, \ldots, x_n$.

Die Boolesche Variable x_i selbst kann auch als ein erstes Beispiel einer Booleschen Funktion $x_i : \mathbf{B}^n \to \mathbf{B}$ aufgefaßt werden, die für $a \in \mathbf{B}^n$ die Projektion auf die i-te Komponente realisiert:

$$a = (a_1, \ldots, a_n) \mapsto a_i$$

Das Komplement einer Booleschen Variablen x_i ist gegeben durch die Abbildung $\overline{x}_i : \mathbf{B}^n \to \mathbf{B}$, die wie folgt definiert ist:

$$a = (a_1, \ldots, a_n) \mapsto \overline{a}_i$$

Dabei gilt: $\overline{a}_i = 1 \Leftrightarrow a_i = 0$

Für eine Boolesche Variable x_i benutzen wir auch die Schreibweise $x_i^1 := x_i$ und $x_i^0 := \overline{x}_i$. x_i^1 und x_i^0 werden auch Boolesche Literale (zur Variablen x_i) genannt. x_i^1 (x_i^0) heißt auch Variable mit positiver (negativer) Polarität. Ein Monom ist eine Und-Verknüpfung von Literalen. 1 ist nach Definition das leere Monom.

Literale und Monome stellen (spezielle) Boolesche Funktionen dar. Durch Einbettung der Menge $\mathbf{B}$ in die Menge der ganzen Zahlen $\mathbf{Z}$ können Literale und Monome in natürlicher Weise auch als Pseudo-Boolesche Funktionen, d.h. Funktionen mit Booleschem Definitionsbereich und ganzzahligem Wertebereich, interpretiert werden. Literale $\overline{x}_i$ werden dabei durch $(1-x_i)$ und die Und-Verknüpfung durch die Multiplikation ersetzt. Literale und Monome können nun dazu benutzt werden, allgemeine Boolesche Funktionen

$$f : \mathbf{B}^n \to \mathbf{B}^m$$

oder auch Pseudo-Boolesche Funktionen

$$f : \mathbf{B}^n \to \mathbf{Z}^m$$

zusammenzusetzen.

Im folgenden bezeichnet $\mathbf{B}_{n,m}$ die Menge der Booleschen Funktionen $f : \mathbf{B}^n \to \mathbf{B}^m$. Für $\mathbf{B}_{n,1}$ schreibt man auch kurz $\mathbf{B}_n$. $\mathbf{B}_{n,Z}$ ist die Menge der Pseudo-Booleschen Funktionen $f : \mathbf{B}^n \to \mathbf{Z}$. Die zu einer Booleschen Funktion $f : \mathbf{B}^n \to \mathbf{B}^m$ bzw. einer Funktion $f : \mathbf{B}^n \to \mathbf{Z}$ mit Booleschem Definitionsbereich und ganzzahligem Wertebereich gehörige Menge von Variablen wird im Rahmen dieses Buches mit $X_n := \{x_1, \ldots, x_n\}$ bezeichnet.

Wir betrachten nun zunächst den Booleschen Fall. Durch Kombination von Monomen lassen sich zweistufige Darstellungen von Booleschen Funktionen definieren:

Definition 2.1 1. Eine *disjunktive Normalform* (DNF) besteht aus einer Oder-Verknüpfung von Monomen.

2. Eine *Exklusiv-Oder-Normalform* oder *Exclusive Sum of Products* (ESOP) besteht aus einer Exklusiv-Oder-Verknüpfung von Monomen.

Beispiel 2.1 1. $f = x_1x_2 + \overline{x}_1x_3 + x_2x_3$ ist eine DNF.

2. $f = x_1x_2 \oplus \overline{x}_1x_3 \oplus x_2x_3$ ist eine ESOP.

Wir deuten an dieser Stelle an, wie DNFs zur Repräsentation beliebiger Boolescher Funktionen benutzt werden können. Weiter unten werden wir zeigen, daß dies ebenso mit ESOPs möglich ist.

Definition 2.2 Sei $a = (a_1, \ldots, a_n) \in \mathbf{B}^n$ und $x = (x_1, \ldots, x_n)$. Der Term

$$m_a(x) = x_1^{a_1} \cdot \ldots \cdot x_n^{a_n}$$

heißt der zu a gehörige *Minterm*.

Es gilt:

$$m_a(x) = 1 \Leftrightarrow x = a$$

Damit erhalten wir für eine beliebige Boolesche Funktion $f \in \mathbf{B}_n$:

$$f(x) = \bigvee_{a \in on(f)} m_a(x)$$

Hierbei bezeichnet $on(f)$ die Menge aller Eingaben a für die $f(a) = 1$ gilt. Die entstehende Repräsentation heißt auch *kanonische DNF* (kDNF), da sie für jede Boolesche Funktion in $\mathbf{B}_n$ bis auf die Reihenfolge der Minterme eindeutig bestimmt ist.

Erlaubt man die "Gewichtung" von Monomen mit ganzen Zahlen, so können DNFs und kDNFs in naheliegender Weise auf Funktionen in $\mathbf{B}_{n,Z}$ verallgemeinert werden (siehe auch Aufgabe 2.5).

Wir definieren nun den Begriff des Kofaktors einer Funktion. Kofaktoren erlauben die Zerlegung[1] einer Funktion in "einfachere" Teilfunktionen und sind, wie wir später sehen werden, von zentraler Bedeutung bei der Darstellung von Funktionen mittels *Decision Diagrams.*

Definition 2.3 Sei $f \in \mathbf{B}_n$ eine Boolesche Funktion oder $f \in \mathbf{B}_{n,Z}$ eine ganzzahlige Funktion. Der *Kofaktor von f nach $x_i = c$* ($c \in \{0,1\}$) ist die Funktion f_i^c, definiert durch

$$f_i^c(x_1, \ldots, x_{i-1}, x_i, x_{i+1}, \ldots, x_n) := f(x_1, \ldots, x_{i-1}, c, x_{i+1}, \ldots, x_n).$$

Da im weiteren häufig die $\oplus$-Verknüpfung bzw. die Differenz der Kofaktoren benutzt wird, wird an dieser Stelle folgende Notation eingeführt:

$$f_i^2 := \begin{cases} f_i^1 \oplus f_i^0, & \text{falls } f \text{ Boolesche Funktion} \\ f_i^1 - f_i^0, & \text{falls } f \text{ ganzzahlige Funktion} \end{cases}$$

f_i^2 heißt auch *(Boolesche) Differenz* von f bzgl. x_i. (Falls aus dem Zusammenhang hervorgeht bzgl. welcher Variable der Kofaktor gebildet wird, schreibt man auch kurz f^0, f^1 und f^2.)

Der Kofaktor einer Funktion $f \in \mathbf{B}_n$ ($f \in \mathbf{B}_{n,Z}$) kann in natürlicher Weise als Funktion in $\mathbf{B}_{n-1}$ ($\mathbf{B}_{n-1,Z}$) interpretiert werden: Der Wert des Kofaktors hängt höchstens von $n-1$ Variablen ab. Es gilt nun folgender Satz, der es erlaubt, Boolesche Funktionen rekursiv in immer "einfachere" Teilfunktionen zu zerlegen.

Satz 2.1 (Shannonscher Entwicklungssatz für Boolesche Funktionen) Sei $f \in \mathbf{B}_n$ eine Boolesche Funktion über der Variablenmenge $X_n = \{x_1, \ldots, x_n\}$ Boolescher Variablen. Für alle $i \in \{1, \ldots, n\}$ gilt:

$$f = \overline{x}_i f_i^0 + x_i f_i^1 \qquad \textit{Shannon } (S) \qquad (2.1)$$

$$f = f_i^0 \oplus x_i f_i^2 \qquad \textit{positiv Davio } (pD) \qquad (2.2)$$

$$f = f_i^1 \oplus \overline{x}_i f_i^2 \qquad \textit{negativ Davio } (nD) \qquad (2.3)$$

Die Korrektheit des Satzes folgt leicht durch Nachrechnen.

[1]Wir benutzen im gesamten Buch die Begriffe *Zerlegung* und *Dekomposition* einer Funktion synonym.

Bemerkung 2.1 Offensichtlich kann man in der Shannon-Dekomposition (Gleichung (2.1)) das Inklusiv-Oder + durch ein Exklusiv-Oder $\oplus$ ersetzen.

Es besteht ein direkter Zusammenhang zwischen der Shannon-Dekomposition und der kDNF. Rekursive Anwendung der Shannon-Dekomposition liefert:

$$\begin{aligned} f(x_1,\ldots,x_n) &= f(0,\ldots,0)\cdot\overline{x}_1\overline{x}_2\ldots\overline{x}_n \\ &\quad +f(1,0,\ldots,0)\cdot x_1\overline{x}_2\ldots\overline{x}_n \\ &\quad +\ldots \\ &\quad +f(1,1,\ldots,1)\cdot x_1x_2\ldots x_n \end{aligned}$$

In ähnlicher Weise kann man durch rekursive Anwendung der positiven Davio-Dekomposition (Gleichung (2.2)) eine ESOP-Darstellung einer beliebigen Booleschen Funktion erhalten. Sie hat aufgrund der Zerlegungsgleichung die Eigenschaft, daß alle Variablen positive Polarität besitzen. Man nennt diese Darstellung auch *Positive Polarity Reed-Muller Expression* (PPRM).

Man kann sich nun folgendermaßen überlegen, daß analog zur kDNF auch die PPRM einer Booleschen Funktion eindeutig bestimmt ist und damit eine kanonische Darstellung liefert: Da alle Variablen in positiver Polarität (oder gar nicht) in einem Monom der PPRM vorkommen, kann es maximal 2^{2^n} viele verschiedene PPRMs geben. 2^{2^n} ist aber auch die Gesamtzahl der Funktionen in $\mathbf{B}_n$. Somit muß jede Funktion bis auf Reihenfolge der Monome eindeutig darstellbar sein [174].

Analoge Resultate erhält man, wenn man nicht fordert, daß alle Variablen in positiver Polarität vorkommen, sondern nur, daß jede Variable entweder nur in negativer oder in positiver Polarität in der ESOP auftritt. Wir sprechen in diesem Fall von einer *Fixed Polarity Reed-Muller Expression* (FPRM) (siehe Aufgaben 2.3 und 2.4).

Wir kommen nun zu Zerlegungen von ganzzahligen Funktionen in einfachere Teilfunktionen. Es ergibt sich folgender Satz:

Satz 2.2 (Shannonscher Entwicklungssatz für ganzzahlige Funktionen) Sei $f : \mathbf{B}^n \to \mathbf{Z}$ eine Funktion über der Menge $X_n = \{x_1,\ldots,x_n\}$ Boolescher Variablen. Für alle $i \in \{1,\ldots,n\}$ gilt:

$$f = (1-x_i)f_i^0 + x_i f_i^1 \quad \textit{Shannon (S)} \tag{2.4}$$

$$f = f_i^0 + x_i f_i^2 \quad \textit{positiv Davio (pD)} \tag{2.5}$$

$$f = f_i^1 + (1-x_i)(-f_i^2) \quad \textit{negativ Davio (nD)} \tag{2.6}$$

Man verifiziert direkt:

Lemma 2.1 Die durch die Dekompositionen (2.1)-(2.3) und (2.4)-(2.6) entstehenden Teilfunktionen sind eindeutig bestimmt.

Mithilfe des obigen Satzes können PPRMs bzw. FPRMs auch für ganzzahlige Funktionen definiert und konstruiert werden (siehe Aufgabe 2.5).

2.3 Grundlagen

Eine Boolesche Funktion $f : \mathbf{B}^n \to \mathbf{B}$ bzw. eine ganzzahlige Funktion $f : \mathbf{B}^n \to \mathbf{Z}$ über einer Variablenmenge $X_n = \{x_1, \ldots, x_n\}$ kann, wie wir im folgenden präzisieren werden, durch einen Graphen, genannt *Decision Diagram*, dargestellt werden. Dabei soll in jedem Knoten des Graphen eine Variable aus X_n abgefragt werden. Gemäß dem Wert der entsprechenden Variablen werden Pfade durch den Graphen weiterverfolgt.

Bevor wir diese Idee formalisieren, soll sie kurz an einem Beispiel verdeutlicht werden.

Beispiel 2.2 Sei $f \in \mathbf{B}_3$ gegeben durch $f = x_1x_2 + x_3$. Die Variablen sollen in der Reihenfolge x_1, x_2, x_3 abgefragt werden. Im Wurzelknoten des Graphen, der die Funktion f repräsentiert, wird die Variable x_1 abgefragt. Falls sie den Wert 0 (1) besitzt, so verzweigt man zum linken (rechten) Kind, das dann die Funktion f_i^0 (f_i^1) beschreibt. f wird also in f_i^0 und f_i^1 zerlegt. Zerlegt man nun f_i^0 und f_i^1 rekursiv weiter, bis man zu konstanten Funktionen kommt, so erhält man den Baum in Abbildung 2.1. (Im folgenden beschreibt immer die linke Kante an einem Knoten mit Variable x den Fall $x = 0$ und die rechte den Fall $x = 1$.) Diesen Baum nennt man auch *Decision Tree.*

Man erkennt leicht, daß man aufgrund der beiden folgenden Beobachtungen die Darstellung erheblich vereinfachen kann:

1. Der Decision Tree enthält *isomorphe* Untergraphen.

   Alle isomorphen Untergraphen können identifiziert werden.

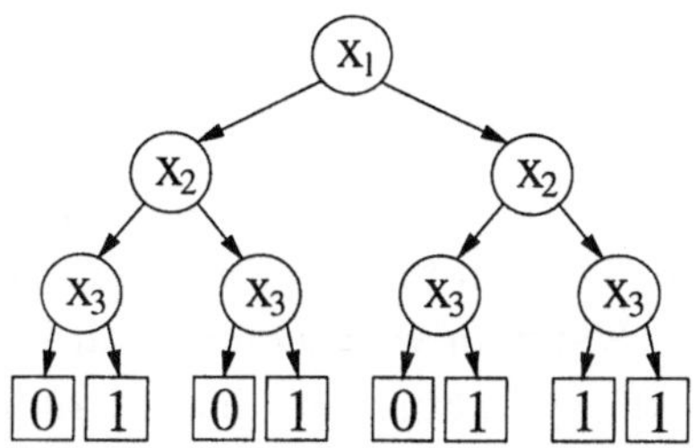

Abbildung 2.1: Decision Tree für die Funktion $f = x_1x_2 + x_3$

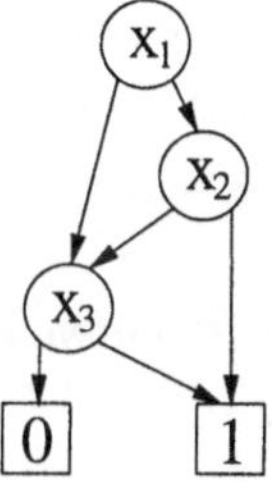

Abbildung 2.2: Reduziertes DD für die Funktion $f = x_1x_2 + x_3$

2. Falls (in Folge von 1.) beide von einem Knoten ausgehenden Kanten auf *denselben Nachfolger* zeigen, so ist es nicht notwendig, diesen Knoten abzufragen.

   Ein solcher Knoten kann direkt entfernt werden, und alle auf diesen Knoten zeigenden Kanten können direkt auf den Nachfolgerknoten umgelenkt werden.

Wendet man diese beiden Regeln so lange auf den obigen Graphen an, bis keine der Regeln mehr anwendbar ist, so erhält man das Diagramm in Abbildung 2.2.

Die Funktion f ist nun wesentlich kompakter dargestellt. Es ist wie beim *Decision Tree* auch hier leicht möglich, zu einer Eingabe $a \in \mathbf{B}^n$ den Funktionswert $f(a)$ zu berechnen, da man nur von der Wurzel bis zu einem Blatt dem eindeutig bestimmten Pfad folgen muß.

Im Gegensatz zum Decision Tree genügt es nun auch, nur noch die "wichtigen"

Variablen abzufragen, d.h. nur die Variablen, von denen die entsprechende Funktion abhängt.

Nach diesem Beispiel werden *Decision Diagrams (kurz: DDs)* formal eingeführt. DDs, gerichtete azyklische Graphen mit einigen Zusatzeigenschaften, bilden den Kern der in den folgenden Kapiteln verwendeten Datenstrukturen. Wir werden uns in diesem Kapitel auf die syntaktischen Eigenschaften von DDs beschränken und erst später darauf eingehen, auf welche (verschiedenen) Arten einem DD eine Bedeutung zugeordnet werden kann.

Definition 2.4 Ein *DD* über einer Menge von Booleschen Variablen X_n und einer nicht leeren Terminalmenge T ist ein gerichteter, azyklischer und zusammenhängender Graph $G = (V, E)$ mit genau einer Wurzel und den folgenden Eigenschaften:

1. Jeder in V enthaltene Knoten ist entweder ein terminaler Knoten oder ein nicht-terminaler Knoten.

2. Jeder terminale Knoten ist mit einem Element t aus der Terminalmenge T markiert und besitzt keine ausgehenden Kanten.

3. Jeder nicht-terminale Knoten v ist mit einer Booleschen Variablen $x_i \in X_n$ markiert und hat genau zwei ausgehende Kanten, deren Endpunkte mit $low(v), high(v) \in V$ bezeichnet werden.

Die Variable, mit der ein nicht-terminaler Knoten v markiert ist, wird auch als *Entscheidungsvariable bzgl.* v bezeichnet. Die Kante zwischen v und $low(v)$ ($high(v)$) wird auch als *low-Kante* (*high-Kante*) bezeichnet.

Als Terminalmenge wird im folgenden meist $T = \{0, 1\}$ oder $T = \mathbf{Z}$ gewählt.

Beispiel 2.3 In den Abbildungen 2.1 und 2.2 sind zwei DDs exemplarisch dargestellt. Alle Kanten sind von oben nach unten gerichtet. Die Wurzel eines DDs befindet sich somit jeweils am oberen Bildrand. (In den beiden Abbildungen ist die Wurzel mit x_1 markiert.) Die zwei ausgehenden Kanten von nicht-terminalen Knoten v sind so angeordnet, daß der Endpunkt der linken Kante jeweils auf $low(v)$ zeigt. Die Terminalmenge ist in beiden Fällen durch $T = \{0, 1\}$ gegeben.

Um die einzelnen Variablen in den Knoten leichter referenzieren zu können, wird eine Abbildung $l : V \to X_n \cup T$ definiert, mit

1. $l(v) = x_i$, falls v ein nicht-terminaler Knoten ist, der mit x_i markiert ist.

2. $l(v) = t$, falls v ein terminaler Knoten ist, der mit t markiert ist.

2.4 Restriktionen

Meist werden DDs betrachtet, die einigen Einschränkungen in der Struktur unterliegen. In diesem Zusammenhang erweisen sich folgende Definitionen als sinnvoll:

Definition 2.5 Sei G ein DD über X_n mit Terminalmenge T. Dann gilt:

1. Die *Größe* von G ist gegeben durch die Anzahl der nicht-terminalen Knoten und wird mit $|G|$ bezeichnet[2].

2. Die *Tiefe* von G ist gegeben durch die maximale Länge eines Pfades von der Wurzel zu einem terminalen Knoten.

3. Die Menge der mit x_i markierten Knoten wird als *Level* x_i bezeichnet.

4. G ist *frei*, falls jede Variable auf jedem Pfad von der Wurzel zu einem terminalen Knoten höchstens einmal vorkommt.

5. G ist *vollständig*, falls jede Variable auf jedem Pfad von der Wurzel zu einem terminalen Knoten genau einmal vorkommt.

6. G ist *geordnet*, falls es frei ist und die Variablen auf jedem Pfad von der Wurzel zu einem Terminalknoten in der gleichen Reihenfolge vorkommen. Diese Reihenfolge wird als *Variablenordnung* bezeichnet. Der Buchstabe O *(Ordered)* wird als Präfix benutzt, um geordnete DDs zu bezeichnen, ODDs sind also geordnete DDs.

---

[2] Oftmals wird die Größe eines DDs auch durch die Anzahl der Knoten insgesamt definiert. Es wird sich jedoch zeigen, daß dies bei den folgenden Betrachtungen keinen wesentlichen Unterschied bedeutet.

Bemerkung 2.2 Die Variablenordnung läßt sich formal durch eine Permutation $\pi : \{1, \ldots, n\} \rightarrow \{1, \ldots, n\}$ beschreiben. Die Variable x_i steht dann an Stelle $\pi^{-1}(i)$ in der Variablenordnung. Wir werden im folgenden die Variablenordnung explizit nur in Einzelfällen benötigen und verzichten deshalb an dieser Stelle auf diesen zusätzlichen Parameter bei der Notation von ODDs. Wenn nicht explizit anders angegeben, betrachten wir in unseren Beispielen die "natürliche" Ordnung, definiert durch die Identität $\pi(i) = i$ $(i \in \{1, \ldots, n\})$.

Beispiel 2.4 Das DD aus Abbildung 2.1 hat die Größe 7 und das aus Abbildung 2.2 die Größe 3. Beide DDs sind geordnet (bzgl. der Identität) und somit auch frei. Das erste DD ist vollständig, das zweite nicht.

2.5 Reduktion

Es sei an dieser Stelle nochmals hervorgehoben, daß DDs, so wie sie bisher definiert sind, ein rein syntaktisches "Gebilde" darstellen. Eine formale Definition der Semantik eines DDs, d.h. auf welche Art und Weise ein gegebenes DD als Repräsentation einer Funktion interpretiert werden kann, steht noch aus. (In den Beispielen des vorangehenden Abschnittes haben wir nur einen Spezialfall betrachtet.) Wir gehen auf diese Frage in den beiden folgenden Kapiteln detailliert ein. Zuvor wollen wir uns in diesem Abschnitt mit der Frage befassen, wie DDs durch Reduktionen verkleinert werden können. Es wird sich zeigen, daß, losgelöst von einer speziellen Semantik, schon an dieser Stelle die Eindeutigkeit der sogenannten *Reduktion eines DD* gewährleistet werden kann.

Wie schon aus Beispiel 2.2 zu Anfang dieses Kapitels deutlich ersichtlich wurde, können verschiedene DDs durchaus die gleiche Funktion repräsentieren. Man wird in der Regel bestrebt sein, ein DD mit geringer Größe zu finden, bzw. ein gegebenes DD in seiner Größe soweit wie möglich zu reduzieren. Zu diesem Zweck werden nun drei Reduktionstypen für DDs vorgestellt, die — abhängig von der Interpretation des DDs — in den folgenden beiden Kapiteln Verwendung finden. Wir werden das Konzept der Reduktion schließlich dazu benutzen, die Eigenschaft der Kanonizität herzuleiten.

Eine Repräsentation heißt — wie bei kDNFs und FPRMs schon beispielhaft angedeutet — *kanonisch*, falls sie im vorgegebenen Rahmen für eine feste (Boolesche) Funktion (bis auf Isomorphie) eindeutig bestimmt ist. Der Äquivalenztest zweier

Funktionen kann dann auf den Isomorphietest der zugehörigen Repräsentation reduziert werden.

Definition 2.6 Seien $G_i = (V_i, E_i)$ DDs mit Wurzel v_i $(i \in \{1, 2\})$. G_1 heißt genau dann *isomorph* zu G_2, wenn es eine bijektive Abbildung $\alpha : V_1 \to V_2$ gibt, mit:

1. $low(\alpha(v)) = \alpha(low(v))$, für alle $v \in V_1$.

2. $high(\alpha(v)) = \alpha(high(v))$, für alle $v \in V_1$.

3. $l(\alpha(v)) = l(v)$, für alle $v \in V_1$.

Lemma 2.2 Der Test auf Isomorphie von zwei DDs G_1 und G_2 kann in Zeit und Platz $O(|G_1| + |G_2|)$ durchgeführt werden.

Beweis: Aufgabe 2.7 □

Wir definieren nun Reduktionen und inverse Reduktionen auf DDs, die es erlauben, DDs umzuformen. Wir werden dann in den beiden nachfolgenden Kapiteln sehen, daß sich die Funktion, die bei geeigneter Interpretation durch das DD repräsentiert wird, nicht verändert.

Sei $G = (V, E)$ ein DD. Dann unterscheiden wir drei Reduktionstypen:

Typ 1: Seien $v, w \in V$, $v \neq w$, nicht-terminale Knoten mit $l(v) = l(w)$, $low(v) = low(w)$ und $high(v) = high(w)$. Dann lenke alle Kanten, die auf w zeigen nach v um und lösche w und die beiden ausgehenden Kanten.

Typ 2: Sei $v \in V$ ein nicht-terminaler Knoten mit $low(v) = high(v)$. Dann lenke alle Kanten, die auf v zeigen nach $low(v)$ um und lösche v und die beiden ausgehenden Kanten.

Typ 3: Sei $v \in V$ ein nicht-terminaler Knoten mit $l(high(v)) = 0$. Dann lenke alle Kanten, die auf v zeigen nach $low(v)$ um und lösche v und die beiden ausgehenden Kanten. (Falls dann $high(v)$ keine eingehenden Kanten hat, lösche $high(v)$.)

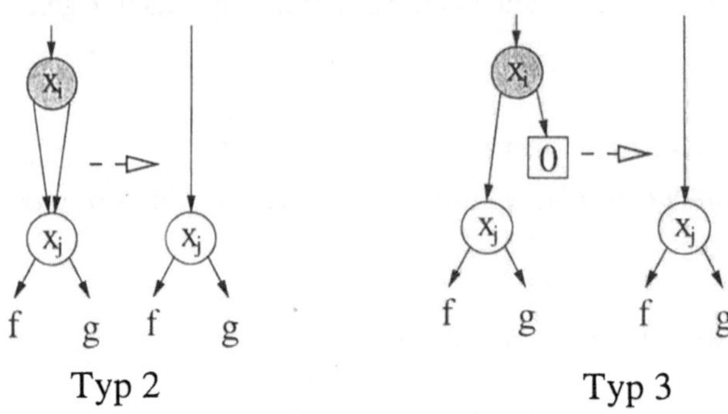

Abbildung 2.3: Reduktionen vom Typ 2 und 3

Die graphische Veranschaulichung der Reduktionen des Typs 2 und 3 sind in Abbildung 2.3 angegeben.

Die zu den angebenen Reduktionen 1, 2 und 3 umgekehrten Transformationen heißen inverse Reduktionen.

Definition 2.7 Sei $M \subset \{1,2,3\}$.

1. Zwei DDs G und G' heißen (t_M)*-äquivalent,* falls G' aus G durch Anwendung einer Folge von Reduktionen und inversen Reduktionen vom Typ m ($m \in M$) resultiert.

2. Ein DD G heißt (t_M)*-reduziert,* wenn keine Reduktionen vom Typ m ($m \in M$) angewendet werden können.

3. Ein DD G' heißt (t_M)*-Reduktion* des DDs G, falls G' aus G durch Anwendung von Reduktionen des Typs m ($m \in M$) entsteht und selbst (t_M)-reduziert ist.

Wenn M nur ein Element m enthält, so schreibt man auch (t_m) anstatt $(t_{\{m\}})$.

In einigen Anwendungen ist es wünschenswert, vollständige DDs zu betrachten (siehe Kapitel 5). Deshalb wird im folgenden gezeigt, wie man durch inverse (t_2)-Reduktionen bzw. (t_3)-Reduktionen freie DDs vollständig machen kann [19]:

Lemma 2.3 Zu jedem freien DD G ($|G| \neq 0$) über den Variablen X_n gibt es ein (t_2)-äquivalentes bzw. (t_3)-äquivalentes vollständiges DD G', mit

$$|G'| \leq 2(n-1) \cdot |G| + n \leq 3 \cdot n \cdot |G|.$$

Beweis: Durchlaufe das DD in topologischer Reihenfolge und merke pro Kante alle Variablen, die auf irgendeinem Pfad von der Wurzel zu dieser Kante abgefragt wurden. Treffen Kanten in einem Knoten zusammen, werden alle ausgehenden Kanten mit der Vereinigung über den abgefragten Variablen der Eingangskanten markiert.

In einem zweiten Durchlauf wird G folgendermaßen modifiziert:

> Sei v ein Knoten mit Markierungen $V_{in_1}(v), \ldots, V_{in_k}(v)$ auf den (von 1 bis k durchnumerierten) Eingangskanten.
>
> Betrachte die Mengen
>
> $$\text{Diff}_i(v) = (\bigcup_{i=1}^{k} V_{in_i}(v)) - V_{in_i}(v)$$
>
> für alle $i \in \{1, \ldots, k\}$. $\text{Diff}_i(v)$ bestimmt die Variablen, die unmittelbar vor v auf der i-ten Kante eingefügt werden müssen. Dieses Einfügen erreicht man durch inverse Reduktionen des Typs 2 bzw. 3.

Die Konstruktion kann, wie man leicht sieht, so durchgeführt werden, daß anschließend das DD vollständig ist und seine Größe durch diese Konstruktion um weniger als $2(n-1) \cdot |G| + n$ gewachsen ist. (Der Fall für Vervollständigung durch inverse Reduktionen des Typs 3 ist für ein Beispiel in Abbildung 2.4 angegeben. Für inverse Reduktionen des Typs 2 siehe auch Aufgabe 2.6.) □

Somit sieht man, daß aus freien DDs mit linearem Größenzuwachs vollständige DDs konstruiert werden können. Weiterhin ist die Frage von großem Interesse, ob freie DDs bzgl. der betrachteten Reduktionstypen zu eindeutig bestimmten Reduktionen führen. Man sieht leicht, daß für $M = \{1, 2, 3\}$ die (t_M)-Reduktion nicht eindeutig bestimmt ist. Weiterer Aufschluß gibt das folgende Lemma [19, 157]:

Lemma 2.4 1. Die (t_M)-Reduktion eines freien DDs ist eindeutig bestimmt für $M \in \{\{1\}, \{2\}, \{3\}, \{1, 2\}, \{1, 3\}\}$.

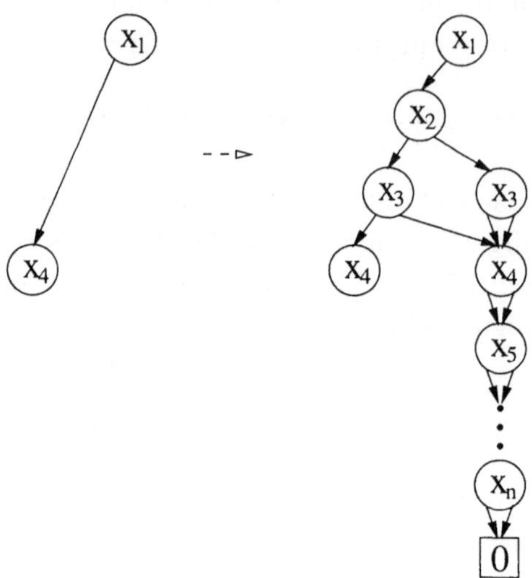

Abbildung 2.4: Vervollständigung durch inverse Reduktionen des Typs 3

2. Die eindeutig bestimmte Reduktion eines freien DDs G kann in $O(|G|)$ berechnet werden.

Beweis: Wir geben die Hauptideen des Beweises.

Zu 1.: Es genügt zu zeigen, daß es zu zwei verschiedenen Reduktionsschritten jeweils eine Folgereduktion gibt, die die beiden "Reduktionswege" wieder zusammenführt. Dies wird in Abbildung 2.5 veranschaulicht: Wendet man auf den Ausgangsgraphen einen Reduktionschritt an, so erhält man den Graphen G_1. Ein anderer Reduktionsschritt liefert den Graphen G_2. Man kann nun nachweisen, daß es immer möglich ist, durch jeweils einen neuen Reduktionsschritt einen gemeinsamen reduzierten Graphen zu erhalten (G_3 in Abbildung 2.5). Setzt man dieses Verfahren fort, so erhält man induktiv den eindeutigen Graphen G'.

Zu 2.: Um eine lineare Berechnung zu ermöglichen, wird ein "bottom-up" Verfahren angegeben. Dazu wird das DD in drei Teile aufgegliedert. Der untere Teil wird als schon reduziert angenommen. Der obere Teil ist noch nicht bearbeitet worden.

Der mittlere Teil ist der Teil, der gerade bearbeitet wird. Darin stehen zunächst

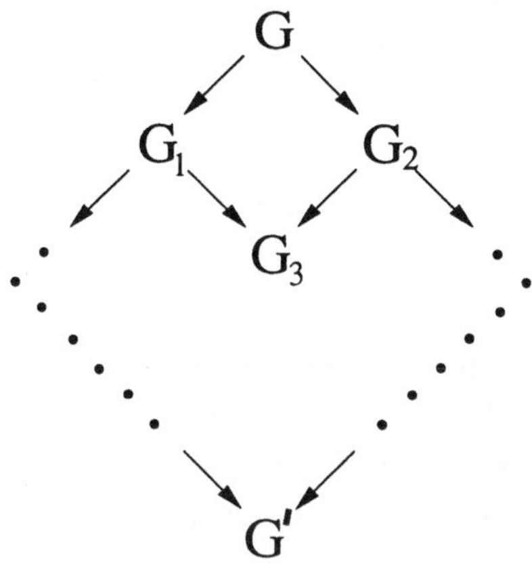

Abbildung 2.5: Eindeutigkeit der Reduktion

alle Knoten, deren *low*- und *high*-Kanten in den unteren Teil zeigen. Diese Knoten werden der Reihe nach überprüft.

Zunächst betrachtet man nur die 0- und 1-Knoten, die trivialerweise reduziert sind.

Sei v der Knoten, der gerade untersucht wird. Hat v die Eigenschaft

$$low(v) = high(v),$$

dann wird eine (t_2)-Reduktion durchgeführt, falls diese zulässig ist. Alle Vorgänger des gelöschten Knotens kommen in den mittleren Teil, falls die *low*- und die *high*-Kante in den unteren Teil zeigen, d.h. im mittleren Teil befinden sich nur solche Knoten, die mit beiden ausgehenden Kanten in den unteren Teil zeigen. (Sind (t_3)-Reduktionen erlaubt, so verfährt man entsprechend.) Am Ende dieses Schrittes zeigen alle Knoten im mittleren Teil auf Knoten im unteren Teil, ohne daß Reduktionen vom Typ 2 bzw. 3 auf sie anwendbar sind.

Es bleibt zu klären, welche Knoten im mittleren Teil durch Typ 1 reduziert werden können. Sei S die Menge der Knoten im mittleren Teil. Dann kann die Berechnung in Zeit $O(|S|)$ mit einem Bucketsort-Algorithmus folgendermaßen durchgeführt werden:

(1) Zerlege S in Mengen $S_1, \ldots, S_n$, so daß S_i alle Knoten mit Markierung x_i enthält.

(2) Bearbeite der Reihe nach die Mengen S_i. Zerlege jedes S_i in Mengen S_{ij}, so daß alle Knoten in S_{ij} auf den gleichen *low*-Knoten zeigen.

(3) Bearbeite der Reihe nach die Mengen S_{ij}. Zerlege jedes S_{ij} in Mengen S_{ijk}, so daß alle Knoten in S_{ijk} auf den gleichen *high*-Knoten zeigen.

(4) S_{ijk} wird durch einen Knoten "ersetzt".

Jeder Knoten wird nur einmal in die mittlere Schicht aufgenommen und dort nur konstant oft bearbeitet. Insgesamt wird also jeder Knoten nur konstant oft betrachtet. Da die abgearbeiteten Knoten dem unteren Teil zugeordnet werden, besitzt das gesamte Verfahren lineare Laufzeit. □

2.6 Aufgaben

Aufgabe 2.1 Beweisen Sie Satz 2.1 und 2.2.

Aufgabe 2.2 Beweisen Sie Lemma 2.1.

Aufgabe 2.3 Zeigen Sie unter Zuhilfenahme von Satz 2.1 und analogen Überlegungen wie bei PPRMs, daß jede Boolesche Funktion in $\mathbf{B}_{n,1}$ eine eindeutig bestimmte FPRM besitzt, sofern die Polarität jeder Variablen festgelegt wird.

Aufgabe 2.4 Geben Sie für $f = x_1x_2 + x_3$ (siehe auch Abbildungen 2.1 und 2.2) die kDNF, die PPRM und die FPRM an. Wählen Sie bei der FPRM die Polaritäten negativ für x_1, x_2 und positiv für x_3.

Aufgabe 2.5 Verallgemeinern Sie die Begriffe DNF, kDNF, PPRM, FPRM auf ganzzahlige Funktionen aus $\mathbf{B}_{n,Z}$. Diskutieren Sie die Eindeutigkeit der Repräsentationen.

Aufgabe 2.6 Verbessern Sie die in Lemma 2.3 gegebene Schranke für den Fall, daß sie ein freies DD G in ein (t_2)-äquivalentes vollständiges DD G' umformen wollen.

Aufgabe 2.7 Beweisen Sie Lemma 2.2.

Aufgabe 2.8 $*$

i.) Zeigen Sie, daß die Aussage von Lemma 2.4.1 für $M = \{1, 2, 3\}$ nicht gültig ist.

ii.) Zeigen Sie, daß die Aussage von Lemma 2.4.1 gültig bleibt, wenn folgende Restriktionen bei der Reduktion gemacht werden:

(a) (Inverse) Reduktionen vom Typ 1 sind auf alle nicht-terminalen Knoten anwendbar.

(b) Auf Knoten eines Levels x_i dürfen entweder (inverse) Reduktionen vom Typ 2 oder vom Typ 3 angewendet werden.

3 Bit-level Decision Diagrams

3.1 Einleitung

In diesem Kapitel werden unterschiedliche Typen von *Decision Diagrams* (DDs) über der Terminalmenge $T = \{0, 1\}$ zur Darstellung Boolescher Funktionen, d.h. zur Verwaltung von Funktionen $f : \mathbf{B}^n \to \mathbf{B}^m$, eingeführt. Diese umfassen sowohl *Binary Decision Diagrams* (BDDs) [34] als auch *Functional Decision Diagrams* (FDDs) [96, 69].

Bei BDDs handelt es sich um eine graphenbasierte Darstellung von Booleschen Funktionen mit folgender Eigenschaft: In jedem Knoten v läßt sich die dort repräsentierte Funktion durch Anwendung der Shannon-Zerlegung aus den Teilfunktionen berechnen, die in $low(v)$ und $high(v)$ repräsentiert werden. FDDs unterscheiden sich von BDDs dadurch, daß in einem Knoten anstatt der Shannon-Zerlegung eine Davio-Zerlegung (positiv oder negativ) durchgeführt wird.

Kronecker Functional Decision Diagrams (KFDDs) [68] sind eine Obermenge von BDDs und FDDs. Sie lassen sowohl Shannon- als auch Davio-Zerlegungen zu und ermöglichen so eine kompaktere Darstellung. (In Kapitel 5 wird gezeigt werden, daß für manche Funktionen die Darstellungsgröße sogar exponentiell besser ist.)

Abschließend werden komplementierte Kanten eingeführt, die es bei BDDs, FDDs und KFDDs ermöglichen, die Darstellung weiter zu kompaktieren und gleichzeitig die Syntheseoperation *Negation* zu beschleunigen.

3.2 Allgemeine Bemerkungen

Um die Notationen einheitlich zu halten, werden vorab einige generelle Bemerkungen zu den im folgenden eingeführten DD-Typen gemacht.

Den DDs wird nun eine Interpretation zugeordnet. Diese unterliegt einigen Restriktionen, so daß die resultierenden DDs kanonisch bleiben.

In jedem Knoten wird eine Zerlegung einer Booleschen Funktion f in zwei "einfachere" Boolesche Funktionen g und h berechnet. Alle Knoten mit gleichen Variablen werden nach einer festen Formel zerlegt. Daher sind die Dekompositionstypen den Variablen in X_n mittels einer *Dekompositionstypliste (DTL)* $d := (d_1, \dots, d_n)$ zugeordnet, wobei $d_i \in \{S, pD, nD\}$.

In den folgenden Kapiteln werden, falls nicht explizit anders erwähnt, immer reduzierte DDs zur Darstellung von Booleschen Funktionen betrachtet. Welche Reduktionstypen jeweils zulässig sind, wird im Rahmen der Definitionen spezifiziert. Alle DD-Typen, die in diesem Kapitel eingeführt werden, sind in geordneter und reduzierter Form kanonisch.

3.3 Binary Decision Diagrams

Binary Decision Diagrams (kurz: BDDs) [106, 3] sind die populärsten DDs. Sie sind wie folgt definiert:

Definition 3.1 Ein *BDD über* X_n ist bestimmt durch ein DD über X_n mit Terminalmenge $T = \{0, 1\}$ und die feste DTL $d = (S, \dots, S)$. Die Funktion $f_G^d : \mathbf{B}^n \to \mathbf{B}$, die durch das BDD G über X_n mit DTL d repräsentiert wird, ist wie folgt induktiv definiert:

1. Falls G nur aus einem mit 0 (1) markierten Knoten besteht, dann ist G ein BDD für die konstante 0 (1) Funktion.
2. Falls G die Wurzel v mit der Markierung x_i besitzt, dann ist G ein BDD für
$$\overline{x}_i f_{low(v)} + x_i f_{high(v)}$$
wobei $f_{low(v)}$ ($f_{high(v)}$) die Funktion ist, die durch das BDD mit der Wurzel $low(v)$ ($high(v)$) repräsentiert wird.

Bemerkung 3.1 Die Verwendung einer DTL scheint an dieser Stelle überflüssig, da alle Variablen nach der gleichen Formel zerlegt werden. Die Darstellung wird hier trotzdem gewählt, da dies eine einheitliche Notation in den folgenden Kapiteln ermöglicht.

Ein BDD wird als OBDD bezeichnet, wenn das zugrundeliegende DD geordnet ist. In diesem Fall repräsentiert die *low*-Kante (*high*-Kante) eines Knotens v im OBDD immer den Kofaktor nach 0 (Kofaktor nach 1) der in v dargestellten Funktion (siehe dazu auch Aufgabe 3.1).

Reduzierte OBDDs wurden in [34] als CAD-Datenstruktur eingeführt und werden in der Zwischenzeit in sehr vielen Anwendungen eingesetzt. Dabei werden (t_M)-Reduktionen mit $M = \{1, 2\}$ angewandt:

- Durch die Reduktion vom Typ 1 werden *isomorphe* Untergraphen identifiziert. Daher wird diese Reduktion im folgenden auch als Reduktion vom Typ I bezeichnet.
- Durch die Anwendung von Reduktionen vom Typ 2 werden Knoten gelöscht, deren Kofaktoren identisch sind. Diese Knoten sind für die Auswertung bei *Shannon*-Zerlegungen nicht relevant. Deshalb werden diese Reduktionen auch als Reduktionen vom Typ S bezeichnet.

Satz 3.1 Nach Reduktionsregeln I und S reduzierte OBDDs sind bei fester Variablenordnung eine kanonische Darstellung Boolescher Funktionen.

Beweis: Aufgabe 3.2 □

Beispiel 3.1 Die in Abbildung 2.1 und 2.2 gezeigten DDs sind jeweils OBDDs. Bei dem zweiten handelt es sich um ein reduziertes OBDD.

Der Einfluß der Variablensortierung auf die Größe des zugehörigen OBDDs soll noch an einem Beispiel verdeutlicht werden:

Beispiel 3.2 Sei die Funktion $f = x_1x_2 + x_3x_4 + \ldots + x_{n-1}x_n$ gegeben ($n \in \mathbf{N}$ gerade). Es ist offensichtlich, daß f als baumartiger Schaltkreis realisiert werden kann, weil die disjunktiv miteinander verknüpften Produkte paarweise disjunkte Variablen enthalten.

Abbildung 3.1 zeigt das OBDD G_1 für die Funktion f mit Variablenordnung $x_1, x_2, \ldots, x_{n-1}, x_n$ und Größe $|G_1| = n$. Da die Funktion f von allen n Variablen abhängig ist, muß in einem OBDD für f mindestens ein nicht-terminaler Knoten je Variable vorkommen. Also besitzt G_1 optimale Größe.

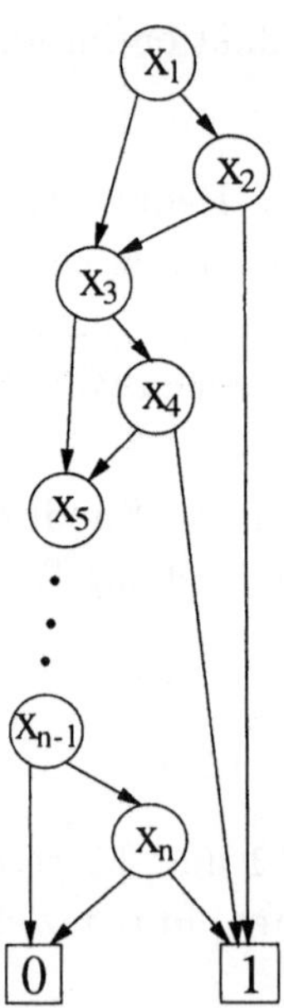

Abbildung 3.1: OBDD mit linearer Größe

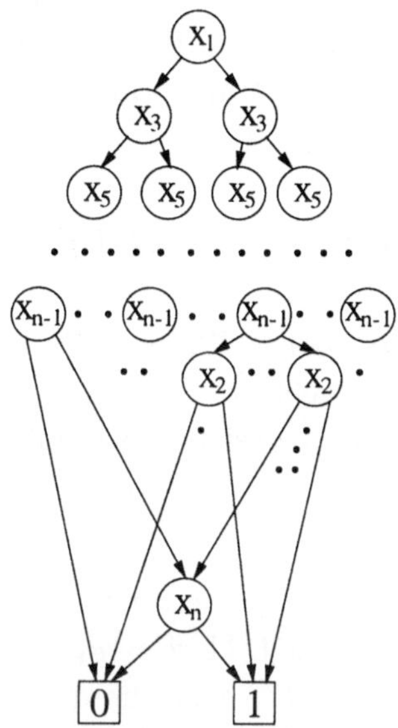

Abbildung 3.2: OBDD mit exponentieller Größe

In diesem Fall werden die Variablen produktweise abgefragt. Das bedeutet, daß nach der Abfrage jedes Produktes entweder die Möglichkeit besteht, daß der Funktionswert 1 ist oder daß die noch verbleibenden Produkte abzufragen sind.

Wählt man die Variablenordnung $x_1, x_3, \ldots, x_{n-1}, x_2, x_4, \ldots, x_n$, so resultiert das in Abbildung 3.2 angedeutete OBDD G_2 mit exponentieller Größe $|G_2| \geq 2^{n/2}-1$: Da hier je Produkt zunächst nur eine Variable abgefragt wird, kann frühestens nach Abfrage der Variablen x_{n-1} ein Terminalknoten erreicht werden. Jede Kante, die in einem Knoten mit der Markierung x_{n-1} beginnt, repräsentiert genau eine der $2^{n/2}$ Belegungen der Variablen $x_1, x_3, \ldots, x_{n-1}$. Da es zu je zwei dieser Belegungen eine Wahl von $x_2, x_4, \ldots, x_n$ gibt, die zu unterschiedlichen Funktionswerten führt, sind alle Teilfunktionen, die in Knoten mit Markierung x_{n-1} repräsentiert werden, unterschiedlich.

Bemerkung 3.2 In natürlicher Weise können die bisher definierten BDDs auch zur Darstellung von Funktionen mit mehreren Ausgängen verwendet werden, d.h. zur Verwaltung von Funktionen $f : \mathbf{B}^n \to \mathbf{B}^m$ $(m \geq 1)$. Dazu verwendet man BDDs mit mehreren Wurzeln, bei denen gemeinsame Teilfunktionen identifiziert werden. Die so entstehende Repräsentationen werden auch *shared BDDs* genannt. Im folgenden wird bei allen weiteren DD-Typen ebenso nur der Fall für einen Ausgang definiert. Die Verallgemeinerung erfolgt analog.

3.4 Functional Decision Diagrams

Functional Decision Diagrams (kurz: FDDs) [96] unterscheiden sich von BDDs durch die in jedem Knoten ausgeführte Zerlegung. Zusätzlich dürfen bei FDDs (gemäß der Definitition aus [69]) zwei unterschiedliche Zerlegungen verwendet werden.

Definition 3.2 Ein *FDD über* X_n ist bestimmt durch ein DD über X_n, Terminalmenge $T = \{0, 1\}$ und eine feste DTL $d = (d_1, \ldots, d_n)$ mit $d_i \in \{pD, nD\}$ für $i = 1, \ldots, n$. Die Funktion $f_G^d : \mathbf{B}^n \to \mathbf{B}$, die durch das FDD G über X_n mit DTL d repräsentiert wird, ist wie folgt induktiv definiert:

1. Falls G nur aus einem mit 0 (1) markierten Knoten besteht, dann ist G ein FDD für die konstante 0 (1) Funktion.

2. Falls G die Wurzel v mit der Markierung x_i besitzt, dann ist G ein FDD für
$$\begin{cases} f_{low(v)} \oplus x_i f_{high(v)} & : \quad d_i = pD \\ f_{low(v)} \oplus \overline{x}_i f_{high(v)} & : \quad d_i = nD \end{cases}$$
wobei $f_{low(v)}$ ($f_{high(v)}$) die Funktion ist, die durch das FDD mit der Wurzel $low(v)$ ($high(v)$) repräsentiert wird.

FDDs, die nur die pD-Zerlegung verwenden, wurden in [96] eingeführt und werden im folgenden als *positive FDDs* (pFDDs) bezeichnet. Analog lassen sich *negative FDDs* (nFDDs) definieren.

Im Gegensatz zu BDDs werden bei FDDs (t_M)-Reduktionen mit $M = \{1, 3\}$ angewandt:

- Analog zu BDDs werden durch Reduktionen vom Typ I isomorphe Untergraphen identifiziert.

- Durch die Anwendung von Reduktionen vom Typ 3 werden Knoten gelöscht, deren *high*-Zeiger auf das 0-Terminal zeigen. Diese Knoten sind aber, wie sich direkt nachrechnen läßt, für die Auswertung bei *Davio*-Zerlegungen (sowohl positiv als auch negativ) nicht relevant. Diese Reduktionen werden deshalb auch als Reduktionen vom Typ D bezeichnet.

Wie bei OBDDs sind so reduzierte OFDDs eine kanonische Darstellung. OFDDs werden in der Zwischenzeit in mehreren Anwendungen insbesondere im Bereich der $\oplus$-basierten Logiksynthese eingesetzt [170, 171, 69]. Auch erste theoretische Betrachtungen sind veröffentlicht worden (siehe [19, 178, 24] und Kapitel 5).

3.5 Kronecker Functional Decision Diagrams

Kronecker Functional Decision Diagrams (kurz: KFDDs) [68] lassen alle drei bisher betrachteten Zerlegungen im gleichen Graphen zu und sind formal wie folgt definiert:

Definition 3.3 Ein *KFDD über* X_n ist bestimmt durch ein DD über X_n, Terminalmenge $T = \{0,1\}$ und eine feste DTL $d = (d_1, \ldots, d_n)$. Die Funktion $f_G^d : \mathbf{B}^n \to \mathbf{B}$, die durch das KFDD G über X_n mit DTL d repräsentiert wird, ist wie folgt induktiv definiert:

1. Falls G nur aus einem mit 0 (1) markierten Knoten besteht, dann ist G ein KFDD für die konstante 0 (1) Funktion.
2. Falls G die Wurzel v mit der Markierung x_i besitzt, dann ist G ein KFDD für
$$\begin{cases} \overline{x}_i f_{low(v)} + x_i f_{high(v)} & : \quad d_i = S \\ f_{low(v)} \oplus x_i f_{high(v)} & : \quad d_i = pD \\ f_{low(v)} \oplus \overline{x}_i f_{high(v)} & : \quad d_i = nD \end{cases}$$
wobei $f_{low(v)}$ $(f_{high(v)})$ die Funktion ist, die durch das KFDD mit der Wurzel $low(v)$ $(high(v))$ repräsentiert wird.

Nach Definition sind KFDDs eine Obermenge von BDDs und FDDs.

Die Knoten in einem KFDD können in drei Klassen zerlegt werden, je nachdem welcher Zerlegungstyp angewendet wird: Den Zerlegungstyp eines Knotens erhält man über die Markierung $l(v) = x_i$ durch den zu x_i gehörenden Zerlegungstyp d_i. Knoten v mit Zerlegungstyp S (pD bzw. nD) heißen S-Knoten (pD-Knoten bzw. nD-Knoten). Ein D-Knoten ist ein Knoten, an dem entweder eine positive oder negative Davio-Zerlegung durchgeführt wird. Analog zu obigen Definitionen von BDDs und FDDs werden auf KFDDs ebenfalls Reduktionen ausgeführt: Dabei werden auf allen Knoten Reduktionen vom Typ I zugelassen. Die Reduktionen vom Typ S (D) werden nur auf S-Knoten (D-Knoten) angewandt. Mit dieser Einschränkung sind auch OKFDDs bei fester Variablenordnung eine kanonische Darstellung (siehe auch Aufgabe 2.8).

In Kapitel 5 wird bewiesen, daß KFDDs für manche Funktionen effiziente Darstellungen erlauben, für die sowohl BDDs als auch FDDs "scheitern". KFDDs erweitern also das Spektrum der effizient darstellbaren Funktionen.

Erste "echte" KFDD-Anwendungen wurden in [15] beschrieben. Erste theoretische Untersuchungen wurden in [14, 18] angegeben (siehe auch Kapitel 5).

Beispiel 3.3 In Abbildung 3.3 ist ein OKFDD dargestellt, wobei wie üblich die linke (rechte) ausgehende Kante eines Knotens v jeweils auf $f_{low(v)}$ ($f_{high(v)}$) zeigt. Das OKFDD repräsentiert die Funktion

$$x_1x_2x_4 \oplus x_1x_2\overline{x}_3 \oplus x_1\overline{x}_3 \oplus \overline{x}_1x_2x_4.$$

Die Wurzel des Graphen wird nach Zerlegunstyp S zerlegt. Der Knoten zerlegt die Funktion in x_2x_4 und $x_2x_4 \oplus x_2\overline{x}_3 \oplus \overline{x}_3$. Die zweite Funktion wird nun wiederum durch den pD-Knoten x_2 nach $\overline{x}_3$ und $\overline{x}_3 \oplus x_4$ expandiert. Der rechte nD-Knoten x_3 zerlegt die dort repräsentierte Funktion in x_4 und 1. Offensichtlich ist das OKFDD reduziert und somit der eindeutig bestimmte Repräsentant unter der natürlichen Ordnung (x_1, x_2, x_3, x_4) der Variablen und der DTL $d = (S, pD, nD, S)$.

3.6 Komplementierte Kanten

OKFDDs können durch die Verwendung komplementierter Kanten weiter in der Größe reduziert werden. Die Idee dabei ist, daß ein Knoten jeweils eine Funktion und deren Komplement gleichzeitig repräsentiert. Hierzu ordnet man jeder Kante ein zusätzliches Bit zu. Sei z.B. die eingehende Kante e zu einem Knoten v

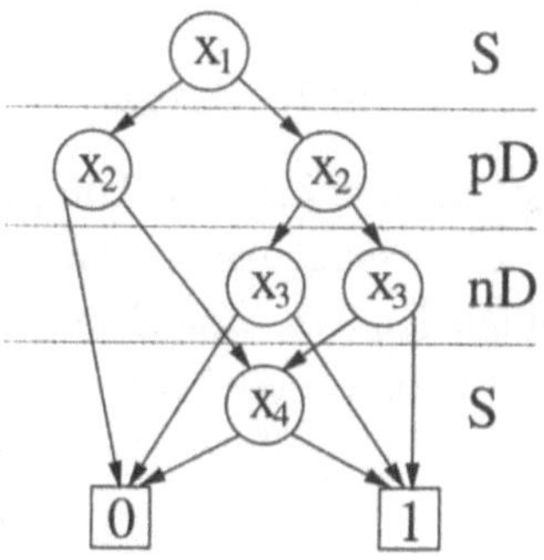

Abbildung 3.3: Beispiel für ein OKFDD

eine *komplementierte Kante*, d.h. das Bit ist gesetzt. Wenn v die Funktion f repräsentiert, dann wird durch die Kante e die Funktion $\overline{f}$ repräsentiert. Ist die Kante e hingegen nicht komplementiert, so wird durch e die Funktion f repräsentiert.

Definition 3.4 Ein *OKFDD mit komplementierten Kanten (Complement Edges, kurz: CEs)* ist ein OKFDD, wobei jeder Kante e ein Bit $m(e) \in \{0,1\}$ zugeordnet ist[1]. Zusätzlich besitzt ein OKFDD mit CEs eine ausgezeichnete Kante (auch als Funktionskante bezeichnet), die auf die Wurzel zeigt.

Die Funktionskante repräsentiert die durch das OKFDD dargestellte Funktion. Man beachte, daß in einem OKFDD mit CEs sowohl Knoten als auch Kanten Funktionen repräsentieren.

Damit OKFDDs mit CEs weiterhin kanonisch bleiben, müssen gewisse Restriktionen eingeführt werden, d.h. nicht alle Kanten dürfen beliebig markiert sein. Bei genauerem Betrachten der Möglichkeiten stellt sich heraus, daß gewisse Kombinationen von Kantenmarkierungen die gleiche Funktion repräsentieren. (Die Speicherung dieser Markierung verursacht bei einer "guten" Implementierung keine zusätzlichen Speicherkosten; siehe [28] und Kapitel 7.)

Beispiel 3.4 Man betrachte ein OBDD, das aus dem Knoten v besteht und dessen *low*- bzw. *high*-Kante auf einen Knoten zeigt, der die Funktion h bzw. g

[1] $m(e) = 1 \Leftrightarrow e$ ist komplementiert.

repräsentiert. Dann repräsentiert der Knoten v die Funktion

$$f = \overline{x}_i h + x_i g,$$

wenn v mit x_i markiert ist. Man führt nun komplementierte Kanten ein und betrachtet v zusammen mit einer eingehenden Kante e, die f repräsentiert. Läßt man e und beide ausgehenden Kanten ohne Komplement, so wird weiter f repräsentiert. Komplementiert man e und beide ausgehenden Kanten, so erhält man die Funktion

$$\overline{\overline{x}_i \overline{h} + x_i \overline{g}}.$$

Durch Anwendung von Rechenregeln der Booleschen Algebra stellt man fest, daß auch dies eine Darstellung von f ist. Man hat somit zwei Kantenmarkierungstripel gefunden, die die gleiche Funktion darstellen.

Die Bedingungen, damit OKFDDs mit CEs weiterhin eine kanonische Form bilden, sind abhängig vom Typ eines Knotens, d.h. je nach Knotentyp sind unterschiedliche Tripel äquivalent. Die genauen Restriktionen wurden für S-Knoten, d.h. OBDDs im speziellen, bereits in [28] diskutiert. Von den acht möglichen Markierungen sind je zwei funktionsäquivalent (siehe Abbildung 3.4). Für S-Knoten erhält man diese äquivalenten Paare analog zum einführenden Beispiel (siehe Aufgabe 3.3).

Es wird nun gezeigt, daß in ähnlicher Weise für D-Knoten verfahren werden kann. (Dabei können positive und negative D-Knoten gleich behandelt werden.) Wie für S-Knoten gibt es acht Möglichkeiten, die ein- und ausgehenden Kanten eines Knotens mit Markierungen zu belegen (siehe Abbildung 3.5 für D-Knoten). Man betrachte hierbei zunächst den Fall, daß ein Knoten nur eine eingehende Kante hat. Man stellt wie für S-Knoten leicht fest, daß von den acht Möglichkeiten jeweils zwei funktionsäquivalent sind. Der Unterschied zwischen S- und D-Knoten besteht darin, daß unterschiedliche äquivalente Paare existieren. Die funktionsäquivalenten Paare für D-Knoten basieren auf folgender Rechenregel für beliebige Boolesche Funktionen a und b:

$$\overline{a \oplus b} = \overline{a} \oplus b.$$

Man betrachte z.B. in Abbildung 3.5 das erste abgebildete Paar und verwende die gleichen Bezeichnungen wie oben für S-Knoten. Zudem sei x_i ein pD-Knoten. Es ergibt sich für den linken Knoten:

$$f = g \oplus x_i h$$

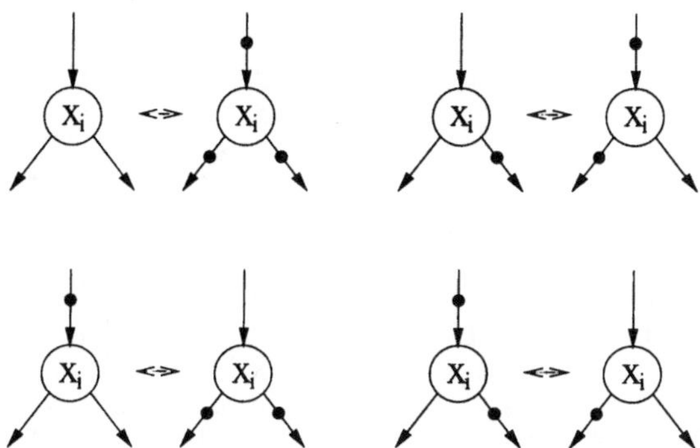

Abbildung 3.4: Funktionsäquivalente Paare für S-Knoten

Für den rechten Fall erhält man mit

$$\overline{\overline{g} \oplus x_i h}$$

eine weitere Darstellung für f. Die anderen drei funktionsäquivalenten Paare verifiziert man analog.

Um eine kanonische Repräsentation zu erhalten, reicht es für alle Knotentypen aus, jeweils den Repräsentanten eines funktionsäquivalenten Paares zu wählen, dessen *low*-Kante nicht-komplementiert ist (siehe Abbildungen 3.4 und 3.5).

Man beachte, daß die Negation einer Funktion nun durch Verändern der Markierung der Funktionskante (= eingehende Kante) möglich ist. Die ausgehenden Kantenmarkierungen werden nicht beeinflußt. Somit repräsentiert ein Knoten nun eine Funktion und deren Komplement gleichzeitig und zwar in Abhängigkeit der Markierung der eingehenden Kante.

Nun folgt analog zu OBDDs:

Satz 3.2 Reduzierte OKFDDs mit CEs und der Bedingung, daß die *low*-Kante jedes Knotens nicht-komplementiert ist, sind kanonische Repräsentationen für Boolesche Funktionen, falls die Dekompositionstypliste und die Variablenordnung fest gewählt sind.

Wenn im folgenden von OKFDDs mit CEs gesprochen wird, so sind stets OKFDDs mit CEs gemeint, die obige Bedingung der Repräsentantenauswahl

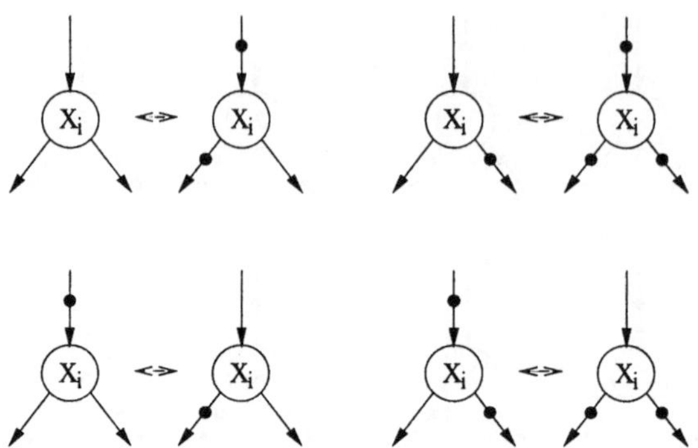

Abbildung 3.5: Funktionsäquivalente Paare für D-Knoten

aus funktionsäquivalenten Paaren erfüllen, um die kanonische Darstellungsform sicherzustellen.

Wenn nicht anders erwähnt, werden zudem im weiteren immer OKFDDs mit CEs betrachtet.

Da das Negieren einer Funktion durch Ändern der Markierung der entsprechenden Funktionskante möglich ist und somit einer lokalen Operation entspricht, gilt:

Satz 3.3 Die Operation *Negation* ist in konstanter Zeit auf OKFDDs mit CEs durchführbar.

Beispiel 3.5 In Abbildung 3.6 ist ein OpFDD für die Funktion $f = x_1x_2 + x_3$ zu sehen. Hierbei repräsentiert der mit x_3 markierte Knoten die Funktion $h = 1 \oplus x_3$. Der mit x_2 markierte Knoten repräsentiert die Funktion

$$\begin{aligned} g &= 1 \oplus x_2 h \\ &= 1 \oplus x_2 \oplus x_2 x_3. \end{aligned}$$

Für den Knoten x_1 gilt nun:

$$\begin{aligned} f' &= h \oplus x_1 \overline{g} \\ &= 1 \oplus x_3 \oplus x_1(\overline{1 \oplus x_2 \oplus x_2 x_3}) \\ &= 1 \oplus x_3 \oplus x_1(x_2 \oplus x_2 x_3) \\ &= 1 \oplus x_3 \oplus x_1 x_2 \oplus x_1 x_2 x_3 \end{aligned}$$

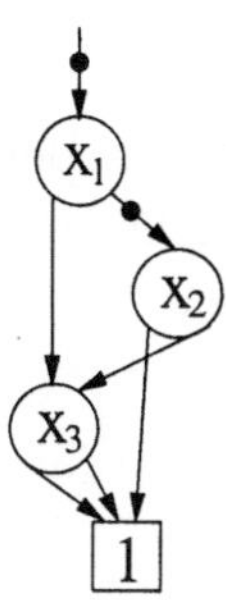

Abbildung 3.6: OpFDD für $f = x_1x_2 + x_3$

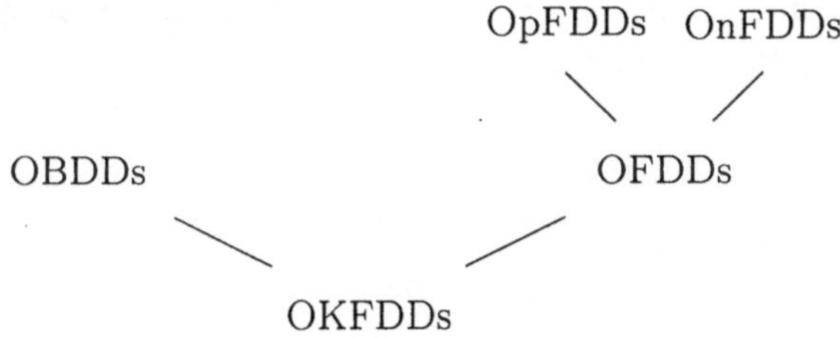

Abbildung 3.7: Bit-level Decision Diagrams

Für die durch das OpFDD repräsentierte Funktion ergibt sich dann:

$$\begin{aligned} f &= x_3 \oplus x_1x_2 \oplus x_1x_2x_3 \\ &= x_1x_2 + x_3 \end{aligned}$$

Die in diesem Kapitel eingeführten Typen von DDs haben wir in Abbildung 3.7 nochmals zusammengefaßt. Neben den schon direkt aus der Definition resultierenden Inklusionen sind weitere Zusammenhänge zwischen den einzelnen Klassen von Interesse, z.B. in welchem Maße erlauben allgemeinere DD-Typen auch kompaktere Darstellungen. Auf Fragen dieser Art gehen wir sowohl aus eher theoretischer wie auch aus praktischer Sichtweise in den folgenden Kapiteln näher ein.

3.7 Aufgaben

Aufgabe 3.1 $*$ Zeigen Sie anhand eines Beispiels, daß bei (nicht freien) BDDs die Teilfunktionen eines Knotens v nicht unbedingt die Kofaktoren der in v dargestellten Repräsentation sein müssen.

Aufgabe 3.2 Beweisen Sie Satz 3.1.

Aufgabe 3.3 Rechnen Sie nach, daß die Paare in Abbildung 3.4 und 3.5 funktionsäquivalent sind.

Aufgabe 3.4 Konstruieren Sie das reduzierte OnFDD mit CEs bzgl. der natürlichen Ordnung für die Funktion $f = x_1x_2 + x_3$. (Siehe auch Beispiel 3.5.)

4 Word-level Decision Diagrams

4.1 Einleitung

Bisher wurden nur DDs zur Darstellung Boolescher Funktionen betrachtet. Häufig ist es jedoch wünschenwert, auch Funktionen der Form $f : \mathbf{B}^n \rightarrow \mathbf{Z}$ zu verwalten. Dies ist insbesondere bei arithmetischen Funktionen von Interesse, da sich diese auf dem "word-level" häufig einfacher beschreiben lassen (siehe z.B. die Multiplikation).

Wir interessieren uns deshalb für DDs mit Terminalmenge $T = \mathbf{Z}$. Bei diesen DD-Typen werden häufig ganzzahlige Kantengewichte verwendet. Daher werden diese in einem Abschnitt vorab näher betrachtet.

Zu Beginn der DD-Betrachtungen wird eine direkte Erweiterung von BDDs auf word-level eingeführt. Diese DDs, bei denen eine ganzzahlige Shannon-Zerlegung in jedem Knoten zugrundegelegt wird, werden als *Multi-Terminal Binary Decision Diagrams* (MTBDDs) [49] oder *Algebraic Decision Diagrams* (ADDs) [9] bezeichnet.

Läßt man zusätzlich noch additive Kantengewichte zu, so lassen sich MTBDDs zu *Edge-Valued Binary Decision Diagrams* (EVBDDs) [104] erweitern.

Wird die Shannon-Zerlegung in MTBDDs durch eine ganzzahlige positive Davio-Zerlegung ersetzt und betrachtet man statt additiven multiplikative Kantengewichte, so erhält man *Multiplicative Binary Moment Diagrams* (*BMDs) [39].

Erlaubt man das Mischen von Shannon- und Davio-Zerlegungen im gleichen Graphen und erlaubt man sowohl additive als auch multiplikative Kantengewichte, so erhält man *Kronecker Multiplicative Binary Moment Diagrams* (K*BMDs) [65].

4.2 Kantengewichte

In diesem Kapitel werden, wie bereits erwähnt, nicht mehr nur DDs für Boolesche Funktionen betrachtet, sondern auch für Funktionen der Art $f : \mathbf{B}^n \rightarrow \mathbf{Z}$. (Da es sich dabei um eine echte Obermenge der Booleschen Funktionen in $\mathbf{B}_n$ handelt, kann man die betrachteten DDs natürlich auch zur Repräsentation Boolescher Funktionen einsetzen.) Somit kann man auch Polynome der Form $f = 3 \cdot x + 5$ darstellen. Die Variablen sind aber weiterhin nur zweiwertig. Ansonsten gelten weiterhin alle Voraussetzungen für DDs gemäß Abschnitt 3.2.

Für ganzzahlige Funktionen gelten, wie in Satz 2.2 gezeigt, Verallgemeinerungen der Booleschen Shannon- und Davio-Zerlegungen. Diese können, analog zum Fall von Booleschen Funktionen, dazu benutzt werden, *Decision Diagrams* für ganzzahlige Funktionen zu definieren.

Zusätzlich benutzen die sogenannten "word-level" DDs vielfach Kantengewichte, um die Darstellungsgröße weiter zu reduzieren. Wir führen sie deshalb vorab in einem gesonderten Abschnitt ein. Kantengewichte sind eine Markierung, durch die jeder Kante in einem DD (ein oder mehrere) ganzzahlige Gewichte zugeordnet werden. Eine einfache Form der Kantengewichte haben wir bereits im vorangegangenen Kapitel kennengelernt, nämlich die in Definition 3.4 eingeführten CEs. Dabei wurde jeder Kante eine Markierung bzw. ein Bit zugeordnet, d.h. ein Boolescher Wert. Je nach dem ob der Wert gesetzt war oder nicht, wurde die Funktion als komplementiert bzw. nicht komplementiert interpretiert.

In den nachfolgenden Betrachtungen werden drei Typen von Kantengewichten unterschieden:

Additive Kantengewichte: Der Kantenwert wird zu der an einem Knoten repräsentierten Funktion addiert.

Multiplikative Kantengewichte: Der Kantenwert wird mit der an einem Knoten repräsentierten Funktion multipliziert.

Additive/Multiplikative Kantengewichte: An jeder Kante befinden sich zwei Kantenwerte a bzw. m. Der Kantenwert m wird mit der an einem Knoten repräsentierten Funktion multipliziert und dann um den additiven Wert a erhöht.

Es wird nun zu jedem der Kantengewichte noch ein Beispiel für die Interpretation angegeben:

Beispiel 4.1 Additive Kantengewichte: Sei v ein Knoten, der die Funktion f repräsentiert. Eine Kante auf den Knoten v, die mit 3 beschriftet ist, stellt dann die Funktion $3 + f$ dar.

Multiplikative Kantengewichte: Sei v ein Knoten, der die Funktion f repräsentiert. Eine Kante auf den Knoten v, die mit 3 beschriftet ist, stellt dann die Funktion $3 \cdot f$ dar.

Additive/Multiplikative Kantengewichte: Sei v ein Knoten, der die Funktion f repräsentiert. Eine Kante auf den Knoten v, die mit $a = 3$ und $m = 5$ beschriftet ist, stellt dann die Funktion $3 + 5 \cdot f$ dar.

In diesem Buch werden nur ganzzahlige Kantengewichte betrachtet. Es ist analog möglich, rationale Kantengewichte zu betrachten. Es hat sich jedoch gezeigt, daß dies bei der Implementierung oftmals Nachteile bringt.

Im folgenden werden nicht mehr alle DD-Typen formal definiert, wie dies in Kapitel 3 getan wurde, da der dafür benötigte Formalismus die Darstellung unnötig aufbläht. Es ginge häufig die (oft einfache) Grundidee der Modifikation gegenüber schon bekannten DD-Typen verloren.

Generell ist entsprechend den Vorbemerkungen aber für alle im folgenden eingeführten DD-Typen zu beachten, daß die Kantengewichte auch bei der Berechnung der Teilfunktionen berücksichtigt werden müssen. Dementsprechend bezeichnet $f_{low(v)}$ ($f_{high(v)}$) die Funktion, die sich *unter Einrechnung der Kantengewichte* als Teilfunktion auf der *low*-Kante (*high*-Kante) ergibt.

4.3 Multi-Terminal Binary Decision Diagrams

Die einfachste Verallgemeinerung von BDDs für Funktionen mit einem ganzzahligen Wertebereich entsteht durch die Verwendung einer ganzzahligen Shannon-Zerlegung (siehe Satz 2.2). Als Terminalknoten werden nicht nur 0 und 1, sondern beliebig viele Terminale mit ganzzahligen Werten zugelassen. Das resultierende DD wird als *Multi-Terminal Binary Decision Diagram* (MTBDD) [49] oder *Algebraic Decision Diagram* (ADD) [9] bezeichnet.

Beispiel 4.2 In Abbildung 4.1 ist ein MTBDD für die Funktion $f = 3 \cdot x_1 + x_2$ dargestellt. Der Wurzelknoten repräsentiert hierbei die Funktion

$$f = 3 \cdot x_1 + x_2.$$

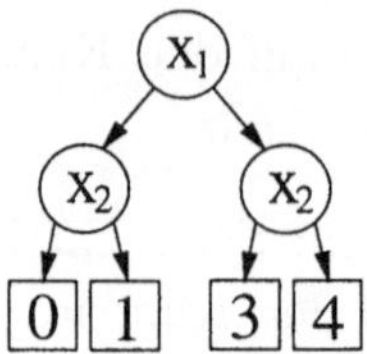

Abbildung 4.1: MTBDD für $f = 3 \cdot x_1 + x_2$

Analog zu OBDDs werden Reduktionen auf das DD angewandt, so daß das resultierende DD kanonisch wird.

4.4 Edge-Valued Binary Decision Diagrams

Werden zu den Kanten zusätzlich noch additive Kantengewichte betrachtet, so bezeichnet man das resultierende DD als *Edge-Valued Binary Decision Diagram* (EVBDD) [104]. EVBDDs lassen sich leicht aus MTBDDs erzeugen, indem pro Knoten (ausgehend von den Terminalen) die (maximalen positiven) additiven Konstanten im Baum nach "oben" gezogen werden. Die Reduktion von EVBDDs erfolgt analog zur Reduktion bei BDDs; es müssen allerdings zusätzlich die Gewichte der Kanten berücksichtigt werden. Jede Kante mit einem Gewicht a, die auf einen Knoten v zeigt, repräsentiert dann die Funktion

$$< a, f >= a + (1 - x_i) f_{low(v)} + x_i f_{high(v)}.$$

4.5 Multiplicative Binary Moment Diagrams

Werden anstelle der Shannon-Zerlegungen ganzzahlige positive Davio-Zerlegungen ausgeführt, so erhält man *Binary Moment Diagrams* (BMDs); werden anstatt additiven Gewichten, wie dies bei EVBDDs der Fall ist, multiplikative benutzt, so ergeben sich *Multiplicative Binary Moment Diagrams* (*BMDs) [38, 39]. Eine Kante mit Gewicht m, die auf einen Knoten v zeigt, repräsentiert dann die Funktion

$$< m, f >= m(f_{low(v)} + x_i f_{high(v)}).$$

Die Reduktion von BMDs bzw. *BMDs erfolgt unter Berücksichtigung der Gewichte analog zu der Reduktion bei FDDs, d.h. mit Reduktionen vom Typ I und D.

4.6 Kronecker Multiplicative Binary Moment Diagrams

Kronecker Multiplicative Binary Moment Diagrams (K*BMDs) [65] erlauben sowohl additive als auch multiplikative Gewichte. Zusätzlich erlauben sie (analog zu OKFDDs) nicht nur eine, sondern drei Zerlegungen: Alle drei Zerlegungen aus Satz 2.2 dürfen verwendet werden, allerdings mit der Einschränkung, daß jede Variable eine feste Zerlegung benutzt. Daher müssen bei K*BMDs (analog zu OKFDDs) DTLs benutzt werden.

Die erlaubten Zerlegungen (inklusive der Gewichte) sind somit:

$$\begin{aligned}
< (a,m), f > &= a + m((1-x_i)f_{low(v)} + x_i f_{high(v)}) \\
< (a,m), f > &= a + m(f_{low(v)} + x_i f_{high(v)}) \\
< (a,m), f > &= a + m(f_{low(v)} + (1-x_i) f_{high(v)})
\end{aligned}$$

Um die bisher eingeführten DD-Typen mit Kantengewichten zu einer kanonischen Darstellung zu machen, sind, wie bei CEs in ähnlicher Form schon einmal angesprochen, einige Restriktionen an die Wahl der Gewichte notwendig. Da es sich bei K*BMDs um eine sehr allgemeine Datenstruktur handelt, die alle anderen hier eingeführten word-level DDs als "Spezialfall" enthält, werden an dieser Stelle exemplarisch die Restriktionen angesprochen, die notwendig sind, um eine kanonische Darstellung für K*BMDs zu erhalten. Die anderen DD-Typen können dann entsprechend behandelt werden.

Seien dazu a_l und m_l (a_h und m_h) das additive und das multiplikative Gewicht an der *low*-Kante (*high*-Kante) von v. Weiterhin sei f_{v_l} (f_{v_h}) die Funktion, die am Zielknoten der *low*-Kante (*high*-Kante) repräsentiert wird. Wir erhalten dann eine kanonische Darstellung, indem wir die Einhaltung der folgenden Eigenschaften gewährleisten:

1. Es gibt genau einen terminalen Knoten und dieser ist mit 0 beschriftet.

2. Die *low*-Kante eines Knotens hat das additive Gewicht $a_l = 0$.

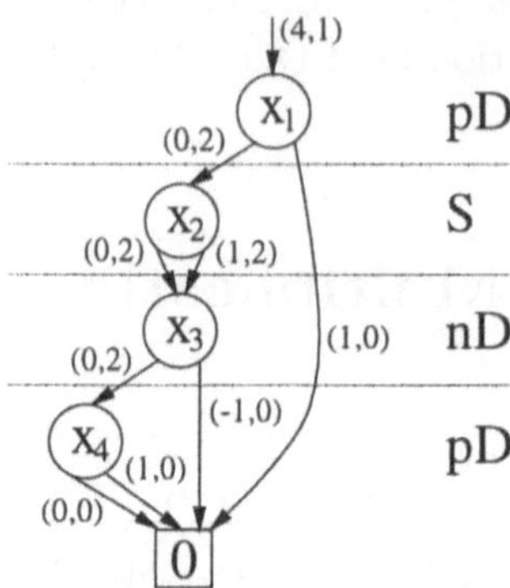

Abbildung 4.2: Kodierung einer positiven ganzen Zahl in Binärdarstellung

3. Der größte gemeinsame Teiler der Gewichte m_l, a_h und m_h ist 1.

(Um die Darstellung übersichtlich zu halten, wurde auf die Darstellung einiger Spezialfälle, z.B. multiplikative Gewichte auf Kanten zu dem terminalen Knoten, verzichtet (siehe auch Aufgabe 4.5).)

Ein DD, das obige Regeln erfüllt, wird auch *normalisiert* genannt. Pro Knoten müssen, falls die Darstellung nicht normalisiert ist, die Gewichte entsprechend der obigen Vorschriften verändert werden. Dazu werden ausgehend von den Terminalknoten induktiv die *größten gemeinsamen Teiler* (ggT) berechnet. Die Normalisierungsregel für die Shannon-Zerlegung lautet dann wie folgt:

$$
\begin{aligned}
f &= (a_l + m_l f_{v_l})(1-x) + (a_h + m_h f_{v_h})x \\
&= a_l + ggT(m_l, m_h, (a_h - a_l)) \left[\frac{m_l}{ggT(m_l, m_h, (a_h - a_l))} f_{v_l}(1-x) \right. \\
&\quad \left. + \left(\frac{a_h - a_l}{ggT(m_l, m_h, (a_h - a_l))} + \frac{m_h}{ggT(m_l, m_h, (a_h - a_l))} f_{v_h} \right) x \right]
\end{aligned}
$$

(Für positive und negative Davio-Zerlegungen lassen sich analoge Regeln angeben (siehe Aufgabe 4.5).)

Beispiel 4.3 Ein K*BMD für die Kodierung einer positiven ganzen Zahl in Binärdarstellung ist in Abbildung 4.2 angegeben. Die linken Kanten repräsentieren die *low*-Kanten. An den *high*-Kanten sind die additiven und multiplikativen

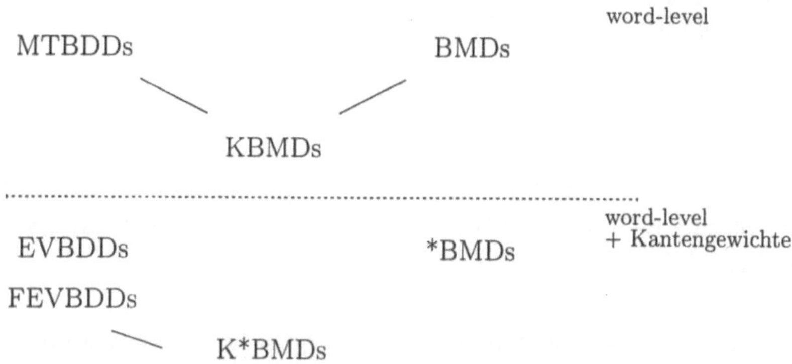

Abbildung 4.3: Word-level Decision Diagrams

Gewichte angegeben. Ebenso ist an jedem Knoten der ausgeführte Zerlegungstyp angegeben.

Bemerkung 4.1 Wendet man in K*BMDs nur die S-Dekomposition an, so bezeichnet man die resultierenden DDs auch als *Factored EVBDDs* (FEVBDDs) [167].

Bemerkung 4.2 Zeitgleich zu K*BMDs wurde von Clarke et al. [51] eine hybride Datenstruktur eingeführt, die MTBDDs mit BMDs vereint. Hierbei werden jedoch keine Kantengewichte zugelassen.

K*BMDs, die keine Kantengewichte verwenden, werden im folgenden, in Anlehnung an die Notation bei BMDs bzw. *BMDs, als KBMDs bezeichnet.

Analog zum vorhergehenden Kapitel fassen wir die eingeführten DDs in Form eines Diagramms (siehe Abbildung 4.3) kurz zusammen. (Man beachte, daß zwischen *BMDs (EVBDDs) und K*BMDs keine direkte Inklusion besteht, da bei K*BMDs aufgrund der zusätzlichen Gewichte weitere Reduktionen möglich sein können. Siehe auch Aufgabe 4.4.)

4.7 Aufgaben

Aufgabe 4.1 Stellen Sie die Funktion eines 3×3-Multiplizierers durch ein *BMD dar.

Aufgabe 4.2 $*$ Stellen Sie die binäre Multiplikation von zwei n-bit Zahlen a und b mithilfe eines *BMDs dar.

Aufgabe 4.3 Geben Sie Normalisierungsregeln für EVBDDs und *BMDs an.

Aufgabe 4.4 Geben Sie eine Funktion f an, bei der das *BMD für f nicht isomorph zum K*BMD für f ist. Konstruieren Sie ein analoges Beispiel für EVBDDs und K*BMDs.

Aufgabe 4.5 $*$ Welche Regeln müssen noch hinzugefügt werden, um die Normalisierungsregeln für K*BMDs vollständig zu machen? Geben Sie Normalisierungsregeln für positive und negative Davio-Zerlegung bei K*BMDs an.

Aufgabe 4.6 $*$ Diskutieren Sie alternative Restriktionen, die die Datenstruktur zu einer kanonischen Darstellung machen. Geben Sie Normalisierungsregeln für K*BMDs an, falls rationale Kantengewichte verwendet werden [65].

5 Darstellungsgröße von Decision Diagrams

5.1 Einleitung

In den vorangegangenen beiden Kapiteln wurden unterschiedliche DD-Varianten definiert, die sich sowohl von der Art der Zerlegung als auch dem Vorhandensein von Kantenmarkierungen bzw. -gewichten unterscheiden.

Es ist theoretisch wie praktisch eine interessante Frage, welcher Typ von DD bei welcher Klasse von Schaltkreisen bzw. bei welcher Anwendung Vorteile zeigt. Wir werden in den verbleibenden Kapiteln des Buches einige Anhaltspunkte geben, welche Probleme bei der Entscheidung dieser Frage auftauchen, welche "Kostenfunktionen" berücksichtigt werden sollten und wie eine Entscheidung in bestimmten Fällen getroffen werden kann. In diesem Kapitel werden dazu geordnete DDs unter theoretischen Gesichtspunkten bzgl. der Kompaktheit der Darstellungen analysiert.

Wir konzentrieren uns zunächst auf bit-level DDs. Ausgehend von einer allgemeinen Definition des Begriffes *Dekompositionstyp* gehen wir der Frage nach, ob es nicht noch andere bit-level DDs geben kann, die eventuell kompaktere Repräsentationen erlauben. Es stellt sich heraus, daß dies nicht der Fall ist und somit OKFDDs die allgemeinsten geordneten bit-level DDs repräsentieren [14]. Ihre Darstellungsgröße soll nicht zuletzt auch aus diesem Grund genauer untersucht und gegenüber den anderen bit-level DDs abgegrenzt werden.

Es ist z.B. per Definition klar, daß KFDDs eine Obermenge von BDDs sind. Für OBDDs wird gezeigt, daß es Funktionen gibt (und diese werden explizit angegeben), die nur exponentielle OBDD-Darstellungen besitzen, die sich als OKFDD aber in polynomieller Größe darstellen lassen. Analoge Resultate lassen sich auch zwischen anderen bit-level DD-Typen beweisen [19, 18].

Für OBDDs und OpFDDs wird für zwei konkrete Funktionen nachgewiesen, daß sie nur exponentielle Darstellungen ermöglichen. Eine dieser Funktionen ist die binäre Multiplikation, die sich durch Davio-basierte word-level DDs sehr einfach darstellen läßt (siehe auch Aufgabe 4.2).

Anschließend gehen wir kurz auf die Frage ein, inwieweit sich Methoden und Resultate für bit-level DDs auch auf word-level DDs verallgemeinern lassen [70, 17]. Das Kapitel schließt mit einem Überblick über die unterschiedlichen DDs und deren Beziehung zueinander.

5.2 Bit-level Decision Diagrams

5.2.1 Wieviele bit-level DD-Typen gibt es?

Bevor wir die Darstellungsgröße von OKFDDs und ihre Relation zu Teilklassen wie OBDDs und OFDDs genauer untersuchen, zeigen wir, daß es (gemäß der im folgenden gegebenen Definition des Dekompositionstyps) kein allgemeineres ODD gibt als das OKFDD mit CEs[1].

Dazu untersucht man die unterschiedlichen Zerlegungen einer Booleschen Funktion f in zwei Unterfunktionen, so daß es möglich ist, f zu rekonstruieren, wenn sowohl die Zerlegungsformel, als auch die Unterfunktionen bekannt sind. Man verwendet dazu folgende Notation:

> $x_i \in sup(g)$, falls g von der Variablen x_i abhängig ist, d.h. es gibt $a \in \mathbf{B}^n$ mit
>
> $$g(a_1, \ldots, a_{i-1}, 0, a_{i+1}, \ldots, a_n) \neq g(a_1, \ldots, a_{i-1}, 1, a_{i+1}, \ldots, a_n).$$

Zunächst wird formal definiert, welche Zerlegungen betrachtet werden:

[1] Im folgenden werden keine Kantenmarkierungen (außer Komplementkanten) betrachtet. Läßt man andere Kantenmerkierungen zu, ergeben sich hieraus weitere Möglichkeiten, wie wir im vorangegangenen Kapitel gesehen haben.

Definition 5.1 Ein *Dekompositions-* oder *Zerlegungstyp* $op \in \mathbf{B}_3$ ist eine Funktion, so daß für alle $n \in \mathbf{N}$, für alle $f \in \mathbf{B}_n$ und für alle Booleschen Variablen $x_i \in X_n := \{x_1, \ldots, x_n\}$ gilt:

> Es gibt eindeutig bestimmte Unterfunktionen $g, h : \mathbf{B}^n \to \mathbf{B}$, $x_i \notin sup(g) \cup sup(h)$ und $f = op(x_i, g, h)$. g (h) heißt *linke (rechte) Dekompositionsfunktion* von f.

Bemerkung 5.1 Dieser Ansatz ist allgemeiner als der in [126, 128, 127, 142] betrachtete, da sich die Argumentation nicht auf das Galois-Feld *GF(2)* beschränkt.

Im folgenden wird gezeigt, daß es trotz der allgemeinen Definition nur eine relativ kleine Anzahl unterschiedlicher Dekompositionstypen gibt.

Für $f \in \mathbf{B}_n$ wurden schon in Kapitel 2 die Kofaktoren f_i^0 und f_i^1, sowie die Exklusiv-Oder Verknüpfung der Kofaktoren f_i^2 eingeführt. Für den Rest dieses Abschnittes wird noch zusätzlich die negierte Exklusiv-Oder Verknüpfung der Kofaktoren $f_i^3 := f_i^0 \equiv f_i^1$, auch Äquivalenz-Verknüpfung genannt, eingeführt.

Notation: Gemäß Definition 5.1 kann man einen Dekompositionstyp op auch als $op = (op_1, op_2)$ schreiben, mit $op_j : \mathbf{B}^2 \to \mathbf{B}$ ($j \in \{1, 2\}$) und

1. $op_1(g, h) := op(0, g, h) = f_i^0$
2. $op_2(g, h) := op(1, g, h) = f_i^1$

Satz 5.1 Sei $f : \mathbf{B}^n \to \mathbf{B}$ eine Boolesche Funktion über der Variablenmenge X_n. Dann gibt es genau 24 *verschiedene* Dekompositionstypen.

Beweis: f_i^0 und f_i^1 können jede beliebige Funktion sein, d.h. jede Bit-Kombination ist an den Ausgängen von f_i^0 und f_i^1 möglich. Daher kann man oBdA die Existenz eines Wertes $x^{k,l} \in \mathbf{B}^n$ ($k, l \in \mathbf{B}$) annehmen mit

$$(f_i^0, f_i^1)(x^{k,l}) = (k, l).$$

Man erhält nun $(g, h)(x^{k,l}) \neq (g, h)(x^{k',l'})$ für $(k, l) \neq (k', l')$ ($k, l, k', l' \in \mathbf{B}$) wie folgt:

Sei oBdA $(g,h)(x^{0,0}) = (g,h)(x^{0,1})$. Dann gilt:

$$\begin{aligned}(0,0) &= (op_1(g,h)(x^{0,0}), op_2(g,h)(x^{0,0}))\\ &= (op_1(g,h)(x^{0,1}), op_2(g,h)(x^{0,1}))\\ &= (0,1)\end{aligned}$$

Somit muß $x^{k,l}$ in Kombination mit g und h alle möglichen Kombinationen in $\mathbf{B}^2$ erzeugen können.

Daher muß die Funktionstabelle der op_j's (gesehen als Boolesche Funktion) aus genau zwei Nullen und zwei Einsen bestehen. (Ansonsten könnte man nicht alle Elemente in $\mathbf{B}^2$ als Ergebnis erhalten.) Die einzigen Funktionen, die diese Eigenschaften erfüllen sind aber Projektion, inverse Projektion, Exklusiv-Oder und Äquivalenz.

Eine analoge Argumentation wie oben zeigt, daß es nicht möglich ist, für beide op_j's ($j \in \{1,2\}$) nur Exklusiv-Oder und Äquivalenz zu betrachten. Daher muß eine der op_j eine Projektion oder eine inverse Projektion sein.

Sei $proj_i$ ($\overline{proj}_i$) die (inverse) Projektion auf die i-te Komponente, EXOR sei die Exklusive-Oder Funktion und EQUIV die Äquivalenz.

Dann gibt es die folgenden 24 verschiedenen Möglichkeiten für $(op_1, op_2) \in DEC$ mit

$$\begin{aligned}DEC &= \{proj_1, \overline{proj}_1\} \times \{proj_2, \overline{proj}_2\}\\ &\quad \cup \{proj_2, \overline{proj}_2\} \times \{proj_1, \overline{proj}_1\}\\ &\quad \cup \{proj_1, \overline{proj}_1, proj_2, \overline{proj}_2\} \times \{\text{EXOR}, \text{EQUIV}\}\\ &\quad \cup \{\text{EXOR}, \text{EQUIV}\} \times \{proj_1, \overline{proj}_1, proj_2, \overline{proj}_2\}\end{aligned}$$

Die Eindeutigkeit der Zerlegungen folgt direkt. □

Natürlich ist man nur an verschiedenen Dekompositionstypen interessiert, die auch wirklich die Größe des resultierenden DDs reduzieren. Offensichtlich macht es jedoch keinen Unterschied, ob $proj_1$ für op_1 und $proj_2$ für op_2 oder $proj_2$ für op_1 und $proj_1$ für op_2 benutzt wird.

Daher werden im folgenden symmetrische Dekompositionstypen definiert:

Definition 5.2 Seien $op = (op_1, op_2)$ und $op' = (op'_1, op'_2)$ zwei Dekompositionstypen. op und op' heißen *symmetrisch,* falls $op_1 = op'_2$ und $op_2 = op'_1$.

Name	op_1	op_2	g	h	*Dekompositionsformel*
*D*1	$proj_1$	$proj_2$	f_i^0	f_i^1	$f = \overline{x}_i g + x_i h$
*D*2	$\overline{proj}_1$	$proj_2$	$\overline{f_i^0}$	f_i^1	$f = \overline{x_i + g} + x_i h$
*D*3	$proj_1$	$\overline{proj_2}$	f_i^0	$\overline{f_i^1}$	$f = \overline{x}_i g + \overline{\overline{x}_i + h}$
*D*4	$\overline{proj_1}$	$\overline{proj_2}$	$\overline{f_i^0}$	$\overline{f_i^1}$	$f = \overline{(x_i + g) \cdot (\overline{x}_i + h)}$
*D*5	$proj_1$	EXOR	f_i^0	f_i^2	$f = g \oplus x_i h$
*D*6	$\overline{proj}_1$	EXOR	$\overline{f_i^0}$	f_i^2	$f = \overline{g \oplus x_i h}$
*D*7	$proj_2$	EXOR	f_i^1	f_i^2	$f = g \oplus \overline{x}_i h$
*D*8	$\overline{proj_2}$	EXOR	$\overline{f_i^1}$	f_i^2	$f = \overline{g \oplus \overline{x}_i h}$
*D*9	$proj_1$	EQUIV	f_i^0	f_i^3	$f = g \equiv (\overline{x}_i + h)$
*D*10	$\overline{proj}_1$	EQUIV	$\overline{f_i^0}$	f_i^3	$f = \overline{g \equiv (\overline{x}_i + h)}$
*D*11	$proj_2$	EQUIV	f_i^1	f_i^3	$f = g \equiv (x_i + h)$
*D*12	$\overline{proj_2}$	EQUIV	$\overline{f_i^1}$	f_i^3	$f = \overline{g \equiv (x_i + h)}$

Tabelle 5.1: Dekompositionstypen

Somit kann man die Wahl von (op_1, op_2) (ohne Effizienzverlust) auf die Menge DEC_{sym} einschränken, mit

$$\begin{aligned} DEC_{sym} &= \{proj_1, \overline{proj}_1\} \times \{proj_2, \overline{proj}_2\} \\ &\cup \{proj_1, \overline{proj}_1, proj_2, \overline{proj}_2\} \times \{\text{EXOR}, \text{EQUIV}\} \end{aligned}$$

Korollar 5.1 Sei $f : \mathbf{B}^n \to \mathbf{B}$ eine Boolesche Funktion über der Variablenmenge X_n. Dann gibt es genau 12 *verschiedene* paarweise nicht-symmetrische Dekompositionstypen.

Bevor die verbleibenden Dekompositionstypen detaillierter untersucht werden, werden die Dekompositionsfunktionen für jede der 12 Dekompositionstypen in Tabelle 5.1 angegeben. g (h) ist hierbei die linke (rechte) Dekompositionsfunktion.

Hierbei sei bemerkt, daß die Dekompositionsformel selbst durch die Wahl von $op = (op_1, op_2)$ noch nicht eindeutig festgelegt ist.

Als Spezialfälle erhalten wir $D1$, die Shannon-Zerlegung, sowie $D5$ ($D7$), die positive (negative) Davio-Zerlegung.

Analog zu Definition 3.3 kann man nun DDs einführen, die alle 12 Zerlegungstypen zulassen. Die Reduktion wird für jeden Typ so gewählt, daß genau dann reduziert wird, wenn die Funktion, die an dem Knoten repräsentiert wird, von der Variablen unabhängig ist, mit der der Knoten markiert ist. Gemäß dem Beginn dieses Abschnittes lassen sich CEs verwenden. Wie man leicht aus Abbildung 5.1 ersieht, unterscheiden sich viele der Dekompositionstypen nur durch Komplementbildung. Durch die Verwendung von CEs können somit manche der Dekompositionstypen durch andere ersetzt werden.

Beispiel 5.1 Man betrachte ein DD G_1, das nur die Zerlegungen $D1$ und $D3$ zuläßt. G_1 kann nun leicht auf ein DD G_2 gleicher Größe abgebildet werden, das nur $D1$ als Dekompositionstyp verwendet, indem jeder $D3$-Knoten v durch einen $D1$-Knoten v' ersetzt wird, dessen ausgehende Kante $high(v')$ eine Markierung $m(high(v')) = 1$ ($m(high(v')) = 0$) besitzt, falls $high(v)$ eine Markierung $m(high(v)) = 0$ ($m(high(v)) = 1$) besitzt.

Analog läßt sich für alle weiteren Typen verfahren. Eine leichte Rechnung zeigt, daß durch CEs die Menge DEC_{sym} in die Mengen DEC_S, DEC_{pD} und DEC_{nD} partitioniert wird, die wie folgt definiert sind:

$$\begin{aligned} DEC_S &= \{D1, D2, D3, D4\} \\ DEC_{pD} &= \{D5, D6, D10, D9\} \\ DEC_{nD} &= \{D7, D8, D11, D12\} \end{aligned}$$

Durch Nachrechnen erhält man direkt, daß sich durch Ändern des Dekompositionstyps innerhalb einer Menge weder die Größe noch die Struktur des zugehörigen DDs verändert. Lediglich die Markierungen an den Kanten werden verändert [14].

Daher ist es nicht sinnvoll, mehr als einen Repräsentanten pro Menge zu betrachten, und die Einschränkung auf Shannon-, positive und negative Davio-Zerlegung ist keine echte Einschränkung. Sie führt bei Verwendung von OKFDDs mit CEs zu keinen Effizienzeinbußen.

Somit erhält man unter Bezugnahme auf Definition 5.1:

Satz 5.2 OKFDDs mit CEs sind die allgemeinsten ODDs zur Repräsentation Boolescher Funktionen.

Bemerkung 5.2 Es sei noch darauf hingewiesen, daß durch andere Reduktionstypen die Größe der DDs verändert werden kann, wie dies z.B. bei ZBDDs [118] (siehe Abschnitt 10.2) der Fall ist. Nach Satz 2.3 kann diese Veränderung jedoch maximal einen linearen Faktor ausmachen.

5.2.2 Allgemeine τ-Funktion

Die von einem vorgegebenen bit-level DD repräsentierte Funktion hängt davon ab, wie man das DD interpretiert. Im allgemeinen werden sich z.B. unterschiedliche Funktionen ergeben, je nachdem ob man das DD als BDD oder als pFDD interpretiert. Im ersten Fall ist die DTL $d = (S, \ldots, S)$, und im zweiten ist sie $d = (pD, \ldots, pD)$.

In diesem Abschnitt wird untersucht, welche Beziehung zwischen Funktionen besteht, die durch das gleiche DD G bei unterschiedlicher Interpretation repräsentiert werden. Die Beziehung wird dann in den folgenden Abschnitten dazu genutzt, exponentielle Trade-offs zwischen verschiedenen Formen der Repräsentation herzuleiten.

Wie zuvor definiert, wird die durch das KFDD G mit DTL d repräsentierte Funktion mit f_G^{d} bezeichnet. Die folgenden Fälle sind von besonderem Interesse:

1. Falls d mit $d_i \in \{pD, nD\}$ fest gewählt ist, dann ist das KFDD ein FDD und $f_G^{\mathrm{FDD}} := f_G^{\mathrm{d}}$ die FDD-Funktion von G (mit DTL d).

2. $f_G^{\mathrm{pFDD}} := f_G^{\mathrm{d}}$ ist die pFDD-Funktion von G mit DTL $d = (pD, pD, \ldots, pD)$.

3. $f_G^{\mathrm{BDD}} := f_G^{\mathrm{d}}$ ist die BDD-Funktion von G mit DTL $d = (S, S, \ldots, S)$.

Es ist nun für beliebiges d möglich, eine enge Beziehung zwischen den Funktionen f_G^{BDD} und f_G^{d} für den Fall herzuleiten, daß G ein vollständiges DD ist.

Dies soll zunächst anhand eines Beispieles erläutert werden. Aus diesem läßt sich dann leicht eine allgemeine Beziehung ableiten.

Beispiel 5.2 Man betrachte zunächst ein vollständiges DD G. (Man kann sich an dieser Stelle ohne Einschränkung zum leichteren Verständnis vorstellen, daß G ein vollständiger binärer Baum mit 2^n Blättern ist.) Sei im folgenden $a = (a_1, \ldots, a_n)$ eine feste Belegung der Variablen $x_1, \ldots, x_n$ und v ein beliebiger nicht-terminaler Knoten von G, der mit der Variable x_i markiert ist.

G wird nun einmal als BDD und einmal als pFDD interpretiert. Man nennt die Kanten und Pfade *aktiv*, die an der Berechnung von $f(a)$ beteiligt sind. Je nach Interpretation von G sind verschiedene Kanten und Pfade aktiv. Formaler gefaßt bedeutet dies:

1. Die Kante $(v, low(v))$ $((v, high(v)))$ heißt genau dann *BDD-aktiv*, wenn $a_i = 0$ $(a_i = 1)$.

2. Die Kante $(v, high(v))$ heißt genau dann *pFDD-aktiv*, wenn $a_i = 1$. Die Kante $(v, low(v))$ ist immer *pFDD-aktiv.*

3. Ein Pfad in G heißt genau dann *BDD-aktiv* (*pFDD-aktiv*), wenn er von der Wurzel zu einem terminalen Knoten führt und nur BDD-aktive (pFDD-aktive) Kanten enthält.

Offensichtlich gibt es für eine feste Belegung a genau einen BDD-aktiven Pfad in G, und dieser Pfad führt zu dem terminalen Knoten, der mit $f_G^{\mathrm{BDD}}(a)$ markiert ist. Weiterhin kann man aus der Tatsache, daß G vollständig ist, schließen, daß genau die Pfade pFDD-aktiv sind, die zu einer Belegung $b = (b_1, \ldots, b_n)$, mit $b_i \leq a_i$ für alle i, korrespondieren. Anders ausgedrückt heißt dies, daß jeder pFDD-aktive Pfad bei Belegung $a = (a_1, \ldots, a_n)$ genau zu einem BDD-aktiven Pfad bei einer Belegung $b = (b_1, \ldots, b_n)$, mit $b_i \leq a_i$ für alle i, korrespondiert.

Das pFDD berechnet gemäß Definition 3.2 für eine gegebene Belegung a die Parität der Anzahl der pFDD-aktiven Pfade, die zu einem mit 1 markierten Terminalknoten führen.

Es folgt, daß $f_G^{\mathrm{pFDD}}(a) = \bigoplus_{b \leq a} f_G^{\mathrm{BDD}}(b)$. Somit wurde die Beziehung zwischen den repräsentierten Funktionen aufgezeigt, wenn G einmal als BDD und einmal als pFDD interpretiert wird.

Motiviert durch obiges Beispiel führt man nun die *allgemeine τ-Funktion* τ_d ein, um die BDD-Funktion von G und die KFDD-Funktion von G mit DTL d miteinander in Beziehung zu setzen[2]. Für die exakte Definition betrachtet man folgende Relation:

Definition 5.3 Sei $d = (d_1, \ldots, d_n)$ eine DTL, $a = (a_1, \ldots, a_n) \in \mathbf{B}^n, b = (b_1, \ldots, b_n) \in \mathbf{B}^n$ und für alle $i \in \{1, \ldots, n\}$ sei

$$(a_i \leq_{d_i} b_i) := \begin{cases} (a_i \leq b_i) & : \quad d_i = pD \\ (a_i \leq \overline{b}_i) & : \quad d_i = nD \\ (a_i = b_i) & : \quad d_i = S \end{cases}$$

Dann ist die Relation $\leq_d$ in $\mathbf{B}^n$ wie folgt definiert:

$$(a_1, \ldots, a_n) \leq_d (b_1, \ldots, b_n) \Leftrightarrow \text{alle Komponenten } i \text{ erfüllen } a_i \leq_{d_i} b_i$$

Man beachte, daß für zwei Elemente x und y aus $\mathbf{B}^n$ gilt:

$$x \leq y \Leftrightarrow \overline{y} \leq \overline{x}$$

Eine analoge Beziehung gibt es für $\leq_d$ nicht.

Definition 5.4 Sei $f : \mathbf{B}^n \to \mathbf{B}$ und $d = (d_1, \ldots, d_n)$ mit $d_i \in \{S, pD, nD\}$ für alle i. Die *allgemeine τ-Funktion* $\tau_d(f)$ ist definiert durch

$$\tau_d(f)(x) := \bigoplus_{y \leq_d x} f(y).$$

τ_d ist somit für eine fest gewählte DTL d eine Abbildung, die jede Boolesche Funktion $f : \mathbf{B}^n \to \mathbf{B}$ auf eine Boolesche Funktion $\tau_d(f)$ abbildet.

An dieser Stelle sei explizit darauf hingewiesen, daß die Definition von τ_d weder von der Variablenordnung abhängig ist, noch davon, ob ein DD geordnet oder lediglich frei ist.

Zunächst werden einige grundlegende Eigenschaften der allgemeinen τ-Funktion τ_d bewiesen.

Lemma 5.1 Sei d eine DTL und f und g Boolesche Funktionen. Dann gilt:

[2]Die τ-Funktion τ_d für den Spezialfall $d = (pD, \ldots, pD)$ wurde bereits in [125] verwendet, um Schaltkreise über $\{\wedge, \oplus\}$ zu analysieren.

1. $\tau_d^{-1}(\tau_d(f)) = f$, wobei $\tau_d^{-1}(f)(x) := \bigoplus_{\overline{x} \le_d \overline{y}} f(y)$.

2. τ_d ist eine Bijektion.

3. $\tau_d(f \oplus g) = \tau_d(f) \oplus \tau_d(g)$

Beweis: OBdA werden alle mittels Shannon- (positiver Davio-, negativer Davio-) Dekomposition zerlegten Variablen unter dem Index 1 (2, 3) zusammengefaßt.

1. Einfaches Nachrechnen ergibt:

$$\begin{aligned}
\tau_d^{-1}(\tau_d(f))(x) &= \bigoplus_{\overline{x} \le_d \overline{y}} \tau_d(f)(y) \\
&= \bigoplus_{\overline{x} \le_d \overline{y}} \bigoplus_{z \le_d y} f(z) \\
&= \bigoplus_{\overline{x}_1 = \overline{y}_1, \overline{x}_2 \le \overline{y}_2, \overline{x}_3 \le y_3} \quad \bigoplus_{z_1 = y_1, z_2 \le y_2, z_3 \le \overline{y}_3} f(z) \\
&= \bigoplus_{x_1 = y_1, x_2 \ge y_2, x_3 \ge \overline{y}_3} \quad \bigoplus_{z_1 = y_1, z_2 \le y_2, z_3 \le \overline{y}_3} f(z) \\
&= \bigoplus_{z \le x} \quad \bigoplus_{\substack{y \\ z_1 = y_1 = x_1, z_2 \le y_2 \le x_2, z_3 \le \overline{y}_3 \le x_3}} f(z) \\
&= \bigoplus_{z = x} f(z) \\
&= f(x)
\end{aligned}$$

Der vorletzte Schritt ergibt sich aus der Tatsache, daß sich für $z \neq x$ eine gerade Anzahl von $f(z)$ Werten aufhebt. (Unterscheiden sich z und x in k-vielen Komponenten, so wird die Parität über 2^k gleiche $f(z)$ Werte berechnet.) Für $z = x$ ist dies nicht der Fall.

2. Folgt sofort aus 1.

3. Folgt aus der Kommutativität und Assoziativität von $\oplus$.

□

Bemerkung 5.3 Für $d = (pD, \ldots, pD)$ ist τ_d zu sich selbst invers, da in diesem Fall die Definitionen von τ_d und τ_d^{-1} übereinstimmen.

Mittels Induktion nach der Anzahl der Variablen in G kann man nun beweisen, daß die allgemeine τ-Funktion und ihre Inverse die Beziehung zwischen der BDD-Funktion und der KFDD-Funktion für eine feste DTL d eines vollständigen DDs G angeben.

Satz 5.3 Sei G ein vollständiges DD und d eine DTL. Dann gilt:

1. $f_G^{\mathrm{d}} = \tau_d\left(f_G^{\mathrm{BDD}}\right)$
2. $f_G^{\mathrm{BDD}} = \tau_d^{-1}\left(f_G^{\mathrm{d}}\right)$.

Beweis:

1. Die Behauptung wird durch Induktion nach der Anzahl n der Variablen bewiesen. Der Beweis für $n = 0$ ist trivial.

   Die Wurzel v von G sei mit der Variablen x_i markiert und G_0 (G_1) sei der Teilgraph von G, dessen Wurzel $low(v)$ ($high(v)$) ist. Die Graphen G_0 und G_1 sind nach Voraussetzung vollständige DDs über den Variablen $x_1, \ldots, x_{i-1}, x_{i+1}, \ldots, x_n$. Nach der Induktionsbehauptung gilt:

$$\begin{aligned} f_{G_0}^{\mathrm{d}} &= \tau_d\left(f_{G_0}^{\mathrm{BDD}}\right) \\ f_{G_1}^{\mathrm{d}} &= \tau_d\left(f_{G_1}^{\mathrm{BDD}}\right) \end{aligned}$$

   Sei $[x]_i = (x_1, \ldots, x_{i-1}, x_{i+1}, \ldots, x_n)$ und $[y]_i = (y_1, \ldots, y_{i-1}, y_{i+1}, \ldots, y_n)$.

   In Abhängigkeit vom Dekompositionstyp von x_i wird nun eine Fallunterscheidung durchgeführt:

   (a) $d_i = S$:

$$\begin{aligned} f_G^{\mathrm{d}}(x) &= \overline{x}_i \cdot \bigoplus_{[y]_i \leq_d [x]_i} f_{G_0}^{\mathrm{BDD}}([y]_i) \quad \oplus \quad x_i \cdot \bigoplus_{[y]_i \leq_d [x]_i} f_{G_1}^{\mathrm{BDD}}([y]_i) \\ &= \bigoplus_{y \leq_d x} f_G^{\mathrm{BDD}}(y) \end{aligned}$$

   Der letzte Schritt wird klar, wenn man sich die Fälle $x_i = 0$ und $x_i = 1$ getrennt betrachtet.

(b) $d_i = pD$:

$$\begin{aligned} f_G^{\mathrm{d}}(x) &= \bigoplus_{[y]_i \leq_d [x]_i} f_{G_0}^{\mathrm{BDD}}([y]_i) \;\oplus\; x_i \cdot \bigoplus_{[y]_i \leq_d [x]_i} f_{G_1}^{\mathrm{BDD}}([y]_i) \\ &= \bigoplus_{[y]_i \leq_d [x]_i} f_G^{\mathrm{BDD}}(\,(y_1, \ldots, y_{i-1}, 0, y_{i+1}, \ldots, y_n)\,) \\ &\qquad \oplus\; x_i \cdot \bigoplus_{[y]_i \leq_d [x]_i} f_G^{\mathrm{BDD}}(\,(y_1, \ldots, y_{i-1}, 1, y_{i+1}, \ldots, y_n)\,) \\ &= \bigoplus_{y \leq_d x} f_G^{\mathrm{BDD}}(y) \end{aligned}$$

(c) $d_i = nD$:

$$\begin{aligned} f_G^{\mathrm{d}}(x) &= \bigoplus_{[y]_i \leq_d [x]_i} f_{G_0}^{\mathrm{BDD}}([y]_i) \;\oplus\; \overline{x}_i \cdot \bigoplus_{[y]_i \leq_d [x]_i} f_{G_1}^{\mathrm{BDD}}([y]_i) \\ &= \bigoplus_{[y]_i \leq_d [x]_i} f_G^{\mathrm{BDD}}(\,(y_1, \ldots, y_{i-1}, 1, y_{i+1}, \ldots, y_n)\,) \\ &\qquad \oplus\; \overline{x}_i \cdot \bigoplus_{[y]_i \leq_d [x]_i} f_G^{\mathrm{BDD}}(\,(y_1, \ldots, y_{i-1}, 0, y_{i+1}, \ldots, y_n)\,) \\ &= \bigoplus_{y \leq_d x} f_G^{\mathrm{BDD}}(y) \end{aligned}$$

Der letzte Schritt folgt aus der Definition der Relation $\leq_d$.

2. Die zweite Gleichung folgt sofort aus der ersten durch Verwendung von Lemma 5.1.

□

Obiger Satz gilt nur für vollständige BDDs und KFDDs. Im allgemeinen möchte man jedoch Aussagen für reduzierte KFDDs haben, da diese in der Praxis eingesetzt werden. Nach Lemma 2.3 ist jedoch bekannt, daß durch das Vollständigmachen eines reduzierten DDs die Größe nicht "wesentlich" verändert wird.

5.2.3 Exponentielle Unterschiede

Satz 5.3 liefert zusammen mit der Transformation aus Lemma 2.3 die Basis, um bekannte Resultate für freie bzw. geordnete BDDs auf KFDDs übertragen zu können. Dies wird im Rahmen dieses Abschnittes zunächst dazu benutzt, um folgende Trade-offs herzuleiten: Man kann die Existenz von Klassen von Funktionen beweisen, die als OBDD exponentielle Größe in der Anzahl der Variablen haben, aber als OFDD für feste DTL d polynomielle Größe besitzen (und umgekehrt) [19]. Somit ist aus theoretischer Sicht bzgl. der Größe der Darstellung keiner der beiden DD-Typen überlegen.

Dieses Ergebnis kann auf zwei OKFDDs mit sich in allen Komponenten unterscheidenden Dekompositionstyplisten d_1 und d_2 erweitert werden [18]. Man beachte, daß sich hieraus als Spezialfall "exponentielle Unterschiede" zwischen den Klassen der OBDDs, OpFDDs und OnFDDs ergeben.

Es wird weiterhin gezeigt, daß es Klassen von Funktionen gibt, die weder als OBDD noch als OFDD (für feste DTL d) effizient, d.h. polynomiell, dargestellt werden können, aber als OKFDD eine polynomielle Darstellung besitzen. Aus oben genannten Gründen erscheint es sinnvoll, Ansätze zu betrachten, bei denen S- und D-Knoten gemischt werden können.

Hierauf aufbauend kann man folgern, daß eine Einschränkung des OKFDD-Konzeptes auf einige wenige spezielle DTLs zu Funktionen führt, die dann nicht mehr effizient dargestellt werden können.

Am Ende dieses Abschnittes zeigen wir, daß Satz 5.3 und Lemma 2.3 auch dazu benutzt werden können, die Bedeutung der Variablenordnung auch für OKFDDs zu zeigen.

Wir gehen nun auf die Beweise im einzelnen ein. Es werden folgende Notationen eingeführt: Sei $V = \{1, \ldots, n\}$ eine Menge von Knoten und $x_{i,j}$ $(1 \leq i < j \leq n)$ seien $n(n-1)/2$ Boolesche Variablen. Die Variable $x_{i,j}$ wird genau dann auf den Wert 1 gesetzt, wenn eine Kante zwischen dem Knoten i und dem Knoten j existieren soll. $x_{i,j}$ hat den Wert 0, falls es keine Kante gibt. Dann definiert eine Belegung der Variablen $(x_{1,2}, x_{1,3}, \ldots, x_{n-1,n}) \in \mathbf{B}^{n(n-1)/2}$ einen ungerichteten Graphen $G_x = (V, E_x)$ mit $V = \{1, \ldots, n\}$ und $E_x = \{(i,j) \mid x_{i,j} = 1\}$. Eine Menge von 3 Knoten in einem Graphen heißt genau dann *3-Clique*, wenn je zwei Knoten der Menge durch eine Kante verbunden sind. (Die Knoten der *3-Clique* bilden ein Dreieck in dem Graphen.) Sei $d = (d_{1,2}, d_{1,3}, \ldots, d_{n-1,n})$ eine DTL. Dann ist die *Polaritätsfunktion* $pol_d : \mathbf{B}^{n(n-1)/2} \to \mathbf{B}^{n(n-1)/2}$ definiert durch $pol_d(x_{1,2}, \ldots, x_{n-1,n}) := (x^d_{1,2}, \ldots, x^d_{n-1,n})$ mit:

$$x^d_{i,j} := \begin{cases} x_{i,j} & : \quad d_{i,j} = S, d_{i,j} = pD \\ \overline{x}_{i,j} & : \quad d_{i,j} = nD \end{cases}$$

Mit den oben eingeführten Bezeichnungen können nun die Funktionen $\oplus\text{-}cl^d_{n,3}$ und $1\text{-}cl^d_{n,3}$ definiert werden. $\oplus\text{-}cl^d_{n,3}$ bezeichnet hierbei die *Paritätsfunktion für 3-Cliquen für eine DTL d*. Diese Funktion berechnet die Parität der *3-Cliquen* in einem Graphen, der durch die aktuelle Belegung zusammen mit der Polaritätsfunktion definiert ist. Die Funktion $1\text{-}cl^d_{n,3}$ wird als *1-Funktion für 3-Cliquen für eine DTL d* bezeichnet und testet die Existenz von genau einer *3-Clique* in einem Graphen, der wie zuvor durch die aktuelle Belegung zusammen mit der Polaritätsfunktion definiert ist. Diese informale Beschreibung wird durch folgende Definition präzisiert:

Definition 5.5 Sei $d = (d_{1,2}, \ldots, d_{n-1,n})$ eine DTL.

i) $\oplus\text{-}cl^d_{n,3} : \mathbf{B}^{n(n-1)/2} \to \mathbf{B}$ ist die Funktion über den Variablen $x_{i,j}$ $(1 \leq i < j \leq n)$ definiert durch: $\oplus\text{-}cl^d_{n,3}(x)$ ist genau dann 1, wenn $G_{pol_d(x)}$ eine ungerade Anzahl von *3-Cliquen* besitzt.

ii) $1\text{-}cl^d_{n,3} : \mathbf{B}^{n(n-1)/2} \to \mathbf{B}$ ist die Funktion über den Variablen $x_{i,j}$ $(1 \leq i < j \leq n)$ definiert durch: $1\text{-}cl^d_{n,3}(x)$ ist genau dann 1, wenn $G_{pol_d(x)}$ genau drei Kanten enthält und diese Kanten eine *3-Clique* bilden.

Zur Vereinfachung der Schreibweise setzt man für den Fall, daß nur positive Davio-Zerlegungen angewendet werden (d.h. $d = (pD, pD, \ldots, pD)$) $\oplus\text{-}cl^d_{n,3} := \oplus\text{-}cl_{n,3}$ und $1\text{-}cl^d_{n,3} := 1\text{-}cl_{n,3}$.

Mit obigen Definitionen erhält man:

Lemma 5.2 Sei $d \in \{pD, nD\}^{n(n-1)/2}$ eine DTL. Dann gilt:

$$\begin{aligned} \oplus\text{-}cl^d_{n,3} &= \tau_d(1\text{-}cl_{n,3}) \\ 1\text{-}cl^d_{n,3} &= \tau_d(\oplus\text{-}cl_{n,3}) \end{aligned}$$

Beweis: Die Behauptung des Lemmas folgt durch einfaches Nachrechnen. Der vollständige Beweis ist jedoch sehr technisch. Daher wird im folgenden nur exemplarisch die zweite Gleichung für den Fall $d = (pD, pD, \ldots, pD)$ bewiesen:

Man betrachtet die Funktion für einen Funktionswert x:

$$\tau(\oplus\text{-}cl_{n,3})(x) = \bigoplus_{y \leq x} (\oplus\text{-}cl_{n,3}(y))$$

Es wird eine Fallunterscheidung nach der Anzahl der 3-Cliquen durchgeführt. Sei dazu $x = (x_{1,2}, \ldots, x_{n-1,n})$.

Fall 1: x definiert keine 3-Clique. Dann ist $\oplus\text{-}cl_{n,3}(x) = 0$. Damit ist aber auch $\tau(\oplus\text{-}cl_{n,3})(x) = 0$, da bei der Auswertung von τ nur Elemente $y \leq x$ betrachtet werden.

Fall 2: x definiert genau eine 3-Clique, d.h.

$$\tau(\oplus\text{-}cl_{n,3})(x) = \underbrace{\bigoplus_{y<x}(\oplus\text{-}cl_{n,3}(y))}_{0} \oplus \underbrace{(\oplus\text{-}cl_{n,3}(x))}_{1} = 1$$

Fall 3: x definiert mehr als eine 3-Clique, d.h. es gibt mindestens eine 3-Clique und zu jeder fest gewählten 3-Clique, definiert durch x_{ij}, x_{ik}, x_{jk}, gibt es ein $x_{rs} = 1$, mit $(r,s) \neq (i,j),(i,k),(j,k)$. Das bedeutet aber, daß jede 3-Clique $\triangle$ in x folgende Eigenschaft besitzt: $\triangle$ kommt in gerade vielen $y \leq x$ vor, denn es gibt eine Kante zu x_{rs}, die unabhängig von $\triangle$ ist und $x_{rs} = 1$ in x kann in y 0 oder 1 gesetzt werden. Somit gilt:

$$\bigoplus_{y \leq x}(\oplus\text{-}cl_{n,3}(y)) = 0$$

Nimmt man alle drei Fälle zusammen, so erhält man die Behauptung. □

Unter Zuhilfenahme des Lemmas beweisen wir nun folgenden Satz:

Satz 5.4 Für jede DTL $d = (d_{1,2}, \ldots, d_{n-1,n}) \in \{pD, nD\}^{n(n-1)/2}$ und jede Ordnung π der Variablen $x_{i,j}$ gilt:

i.) $1\text{-}cl^d_{n,3}$ besitzt OBDDs der Größe $O(n^5)$, aber jedes freie FDD mit DTL d hat Größe $2^{\Omega(n^2)}$.

ii.) $\oplus\text{-}cl^d_{n,3}$ besitzt OFDDs mit DTL d der Größe $O(n^3)$, aber jedes freie BDD hat Größe $2^{\Omega(n^2)}$.

Beweis: Wir beweisen zunächst Teil ii.).

ii.) Zu Beginn wird gezeigt, daß sich die Funktion $\oplus\text{-}cl^d_{n,3}$ für eine beliebige DTL d durch ein OFDD der Größe $O(n^3)$ darstellen läßt (siehe auch Aufgabe 5.2).

$\oplus\text{-}cl^d_{n,3}$ kann durch folgende FPRM[3] beschrieben werden:

$$\oplus\text{-}cl^d_{n,3}(x) = \bigoplus_{1\leq i<j<k\leq n} x^d_{i,j}x^d_{j,k}x^d_{i,k}$$

Die Polarität der Variablen in der FPRM wird gemäß der DTL d gewählt, d.h. die Variable x_i hat positive (negative) Polarität, wenn $d_i = pD$ ($d_i = nD$). Nach [69] ist aber ein reduziertes OFDD mit DTL d für die Funktion $\oplus\text{-}cl^d_{n,3}$ eine mehrstufige Darstellung der FPRM — durch Ausmultiplizieren erhält man die FPRM (siehe auch Aufgabe 5.1). Die Anzahl der Literale obiger FPRM ist jedoch durch $3 \cdot \binom{n}{3}$ nach oben beschränkt. In [62] wurde bewiesen, daß die Anzahl der Literale einer FPRM eine obere Schranke für die Anzahl der Knoten des OFDDs ist, das die zugehörige FPRM darstellt. Somit folgt, daß das OFDD, das $\oplus\text{-}cl^d_{n,3}$ darstellt, die Größe $O(n^3)$ besitzt.

Es bleibt zu zeigen, daß jedes freie BDD für $\oplus\text{-}cl^d_{n,3}$ mit DTL $d \in \{pD, nD\}^{n(n-1)/2}$ exponentielle Größe besitzt. In [2] wurde dies für den Fall gezeigt, daß d nur aus pD-Knoten besteht. Dort wurde eine Größe von $2^{\Omega(n^2)}$ nachgewiesen. Man erhält eine Repräsentation von $\oplus\text{-}cl^d_{n,3}$ der Größe $2^{\Omega(n^2)}$ für beliebiges d, indem man die Nachfolger aller nD-Knoten vertauscht. Somit ist $\oplus\text{-}cl^d_{n,3}$ eine Funktion, bei der jedes freie BDD exponentielle Größe besitzt, aber jedes OFDD mit DTL d besitzt polynomielle Größe.

i.) Vom vorausgehenden Lemma ist bekannt, daß $1\text{-}cl^d_{n,3} = \tau_d(\oplus\text{-}cl_{n,3})$ ist. Somit hat $1\text{-}cl^d_{n,3}$ nach Teil ii.) des Beweises nur freie FDDs mit DTL d der Größe $2^{\Omega(n^2)}$. Andererseits gilt $\oplus\text{-}cl^d_{n,3} = \tau_d(1\text{-}cl_{n,3})$, was bedeutet, daß $1\text{-}cl_{n,3}$ ein OBDD der polynomiellen Größe $O(n^5)$ besitzt. (Da τ_d nur auf vollständige DDs angewendet werden kann, braucht man nach Satz 2.3 einen zusätzlichen Faktor $O(n^2)$.)

□

[3] Zur Definition von FPRMs siehe Kapitel 2.

Aus obigem Satz folgt, daß es vorteilhaft ist, sowohl OKFDDs mit S-Knoten als auch OKFDDs mit D-Knoten zu betrachten.

Bisher wurde ein exponentieller Unterschied zwischen OBDDs und OFDDs mit fester DTL d gefunden. Im folgenden werden OFDDs mit unterschiedlichen DTLs betrachtet. Es wird bewiesen, daß es auch in diesem Fall zu exponentiellen Unterschieden kommen kann.

Definition 5.6 Sei $d = (d_1, \ldots, d_n)$ DTL mit $d_i \in \{pD, nD\}$ für alle i. Dann ist die komplementäre DTL $\overline{d} = (\overline{d}_1, \ldots, \overline{d}_n)$ für alle i gegeben durch

$$\overline{d}_i = \begin{cases} pD & : \quad d_i = nD \\ nD & : \quad d_i = pD \end{cases}$$

Satz 5.5 Für jede DTL $d = (d_{1,2}, \ldots, d_{n-1,n}) \in \{pD, nD\}^{n(n-1)/2}$ und jede Ordnung π der Variablen $x_{i,j}$ gilt:

> 1-$cl^d_{n,3}$ besitzt OFDDs mit DTL $\overline{d}$ der Größe $O(n^5)$, aber jedes freie FDD mit DTL d hat Größe $2^{\Omega(n^2)}$.

Beweis: Für den Beweis des Satzes genügt es zu zeigen, daß 1-$cl^d_{n,3}$ durch ein OFDD mit DTL $\overline{d}$ der Größe $O(n^5)$ dargestellt werden kann. Man betrachtet dazu die DNF von 1-$cl_{n,3}$ und 1-$cl^d_{n,3}$. Es gilt:

$$1\text{-}cl_{n,3} = \sum_{1 \le i < j < k \le n} (x_{i,j} x_{j,k} x_{i,k} \prod_{(l,m) \neq (i,j),(j,k),(i,k)} \overline{x}_{l,m})$$

Sei $e_{i,j} := 1$ ($e_{i,j} := 0$), falls $d_{i,j} = pD$ (nD). Dann gilt für 1-$cl^d_{n,3}$:

$$\begin{aligned} 1\text{-}cl^d_{n,3} &= \sum_{1 \le i<j<k \le n} (x_{i,j}^{e_{i,j}} x_{j,k}^{e_{j,k}} x_{i,k}^{e_{i,k}} \prod_{(l,m) \neq (i,j),(j,k),(i,k)} x_{l,m}^{1-e_{l,m}}) \\ &= \bigoplus_{1 \le i<j<k \le n} (x_{i,j}^{e_{i,j}} x_{j,k}^{e_{j,k}} x_{i,k}^{e_{i,k}} \prod_{(l,m) \neq (i,j),(j,k),(i,k)} x_{l,m}^{1-e_{l,m}}) \\ &= \bigoplus_{1 \le i<j<k \le n} (1 \oplus x_{i,j}^{1-e_{i,j}})(1 \oplus x_{jk}^{1-e_{jk}})(1 \oplus x_{ik}^{1-e_{ik}}) \prod_{(l,m) \neq (i,j),(j,k),(i,k)} x_{lm}^{1-e_{lm}} \end{aligned}$$

Eine FPRM für die durch $\overline{d}$ definierte Polarität erhält man durch Ausmultiplizieren. Jedes Literal in der FPRM ist genau dann positiv (negativ), wenn $\overline{d}_i = pD$ (nD) ist. Die Anzahl der *Und*-Monome ist $\leq 8\binom{n}{3}$. Somit ist die Größe der FPRM polynomiell. Nach [62] gilt somit:

$$|OFDD \text{ mit DTL } \overline{d}| \leq 8\binom{n}{3}\binom{n}{2} = O(n^5)$$

□

Die letzten beiden Sätze bilden die Grundlage für zwei wichtige Aussagen, die im nächsten Korollar formuliert werden. Es behandelt die "reinen" DDs, d.h. solche, bei denen für alle Variablen der gleiche Dekompositionstyp verwendet wird. Weiterhin werden DDs betrachtet, deren DTLs sich in jeder Komponente unterscheiden.

Korollar 5.2 i.) Es existiert ein exponentieller Unterschied zwischen je zwei der "reinen" ODDs, d.h. zwischen OBDDs, OpFDDs und OnFDDs.

ii.) Es existiert ein exponentieller Unterschied zwischen zwei ODDs mit DTLs d_1 und d_2, wenn sich d_1 und d_2 in allen Komponenten unterscheiden.

Beweis:

i.) Der exponentielle Unterschied zwischen OBDDs und OpFDDs (OnFDD) folgt aus Satz 5.4 mit DTL $d = (pD, \ldots, pD)$ ($d = (nD, \ldots, nD)$). Der exponentielle Unterschied zwischen OpFDDs und OnFDDs folgt aus Satz 5.5 mit den DTLs $d = (pD, \ldots, pD)$ und $\overline{d} = (nD, \ldots, nD)$.

ii.) Es gibt nur sechs Möglichkeiten, den Dekompositionstyp der DTL d_1 zu ändern:

$$S \to nD, S \to pD, pD \to nD,$$

$$pD \to S, nD \to pD, nD \to S$$

Hat ein DD n Variablen und werden alle Dekompositionstypen getauscht, so muß eine der sechs Möglichkeiten für $\geq n/6$ Variablen verwendet werden. Für diese *dominante* Änderung gibt es, wie oben in den Sätzen 5.4

und 5.5 bewiesen, einen exponentiellen Unterschied. Damit gibt es auch zwischen d_1 und d_2 einen exponentiellen Unterschied, da der konstante Faktor von 1/6 aufgrund $2^{\Omega(1/6 \cdot m)} = 2^{\Omega(m)}$ unerheblich ist. (Man betrachte hierzu Funktionen, die von den restlichen Variablen unabhängig sind.)

□

Faßt man die bisher erhaltenen Ergebnisse zusammen, so erkennt man, daß es vorteilhaft ist, OKFDDs mit verschiedenen DTLs zu betrachten. Eine Einschränkung auf nur eine DTL führt zu Funktionen, die nicht mehr effizient repräsentiert werden können.

Die bisherigen Resultate lassen aber immer noch die Möglichkeit offen, daß es ausreicht, das OKFDD-Konzept auf einige wenige spezielle DTLs einzuschränken, ohne die Effizienz der Darstellung einzubüßen. Es wird sich im folgenden zeigen, daß eine solche Einschränkung nicht möglich ist.

Hierzu wird zunächst gezeigt, daß gemischte OKFDDs, d.h. OKFDDs, die sowohl S- als auch D-Knoten in einem einzigen OKFDD enthalten, mächtiger sind als OKFDDs, die nur jeweils einen Knotentyp enthalten.

Satz 5.6 Sei d eine fest gewählte DTL mit $d_i \in \{pD, nD\}$ für alle $i \in \{1, \ldots, n(n-1)+2\}$. Dann gilt:

> Es gibt eine Boolesche Funktion f_n mit $n(n-1)+2$ Variablen, so daß jedes OFDD mit DTL d und jedes OBDD für f_n eine exponentielle Größe $2^{\Omega(n^2)}$ besitzt, während es ein OKFDD mit Größe $O(n^5)$ für f_n gibt.

Beweis: Sei g_n (h_n) eine Funktion mit $n(n-1)/2$ Variablen, die durch ein OBDD (OFDD mit DTL d) effizient dargestellt werden kann, aber nur OFDDs (OBDDs) exponentieller Größe besitzt. (Die Existenz solcher Funktionen folgt aus Satz 5.4.) Weiterhin seien die Variablen in g_n und h_n disjunkt. Dann kann die Funktion $f = x_1 \cdot g_n \oplus x_2 \cdot h_n$ (x_1, x_2 seien neue Variablen) offensichtlich als OKFDD effizient repräsentiert werden. Jedoch existiert gemäß nachfolgender Argumentation weder ein kleines OBDD noch ein kleines OFDD für f:

> Angenommen, es würde ein solches kleines OBDD (OFDD) für f existieren. Da die Kofaktorbildung eine polynomielle Operation ist

(siehe Kapitel 6), wäre eine effiziente OBDD- (OFDD-) Darstellung für h_n (g_n) konstruierbar, was ein Widerspruch zur Annahme ist.

□

Kombiniert man den vorangegangenen Satz mit Satz 5.5, so erhält man ein analoges Resultat für OBDDs und OFDDs, deren DTLs sich in allen Komponenten unterscheiden:

Korollar 5.3 Sei d eine fest gewählte DTL mit $d_i \in \{pD, nD\}$ für alle $i \in \{1, \ldots, n\}$. Dann gilt:

> Es gibt eine Boolesche Funktion f_n mit n Variablen, so daß jedes OBDD, jedes OFDD mit DTL d und jedes OFDD mit DTL $\overline{d}$ für f_n eine exponentielle Größe $2^{\Omega(n)}$ besitzt, während es ein OKFDD mit Größe $O(n^{2.5})$ für f_n gibt.

Dieses Korollar kann nun verwendet werden, um zu zeigen, daß eine Einschränkung auf k DTLs (hierbei sei k konstant) auch zu exponentiellen Unterschieden führt.

Korollar 5.4 Sei $D = \{d^1, d^2, \ldots, d^k\}$ ($k \in \mathbf{N}$ konstant) eine Menge von DTLs $d^j = (d_1^j, d_2^j, \ldots, d_n^j)$ mit $d_i^j \in \{S, pD, nD\}$. Dann gilt:

> Es gibt eine Boolesche Funktion f_n mit n Variablen, so daß jedes OKFDD für f_n mit DTL $d^j, 1 \leq j \leq k$ exponentielle Größe $2^{\Omega(n)}$ besitzt, während es ein OKFDD für f_n mit Größe $O(n^{2.5})$ gibt.

Beweis: Man betrachte eine bei allen DTLs d^j feste Komponente i. Dann gibt es höchstens 3^k unterschiedliche Möglichkeiten für $(d_i^1, d_i^2, \ldots, d_i^k)$. Somit folgt aber, daß mindestens $1/3^k$ der n Komponenten identisch sind. Betrachtet man die DTLs der Menge D nur an diesen $m = O(n)$ Komponenten, so definieren diese ≤ 3 unterschiedliche DTLs $d \in \{S^m, (pD)^m, (nD)^m\}$. Die Behauptung folgt dann durch Anwendung von Korollar 5.3. □

In den Sätzen und Korollaren dieses Abschnittes hat man gesehen, daß die Wahl der DTL einen sehr großen Einfluß auf die Größe des DDs hat. Es wird nun abschließend gezeigt, daß die Reihenfolge, in der die Variablen in OKFDDs abgefragt werden, einen analog starken Einfluß auf die Größe hat.

Aus Beispiel 3.2 ist bekannt, daß die Größe eines OBDDs stark von der gewählten Variablenreihenfolge abhängt. Mit Hilfe des τ_d-Operators kann man diese Ergebnisse direkt verallgemeinern. Somit gilt unter Berücksichtigung, daß Ergebnisse nur für vollständige DDs übertragbar sind:

Satz 5.7 Sei $f = x_1 x_2 + \cdots + x_{2n-1} x_{2n}$. Dann gibt es zwei Ordnungen π and π' von X_{2n}, so daß das entsprechende OKFDD für DTL d für die Funktion $\tau_d(f)$ einmal eine Größe von $O(n^2)$ und einmal $\Omega(\frac{1}{n} 2^n)$ besitzt.

5.2.4 Untere Schranken für die Größe von OBDDs und OpFDDs

Um die Vor- und Nachteile verschiedener DD-Typen weiter zu analysieren, werden wir für einige "spezielle" Funktionen untere Schranken für ihre Darstellungskomplexität herleiten. In einem ersten Abschnitt wird die Beweistechnik der unteren Schranke an einer einfachen Funktion dargestellt. Anschließend wird für die Funktion, die die binäre Multiplikation realisiert, diese Methode angewandt.

Methode

In den vergangen Jahren wurden untere Schranken für die Darstellungsgröße bei OBDDs für verschiedene Funktionen angegeben, z.B. *Achilles Heel* und *Indirect Storage Access* (siehe [176]).

Wir betrachten hier die *Hidden Weighted Bit* Funktion (HWB) [35], da sie die folgenden "wünschenswerten" Eigenschaften erfüllt:

1. Die HWB ist leicht beschreibbar.
2. Der Beweis ist (relativ) leicht nachvollziehbar.

Die HWB ist gegeben durch:

HWB : Für $x = (x_1, x_2, \ldots, x_n)$ definieren wir zunächst die Funktion $wt(x) = |\{x_i \mid 1 \leq i \leq n \text{ und } x_i = 1\}|$. Diese Funktion liefert das Gewicht (Anzahl der Einsen) von x. Die Funktion $HWB : \mathbf{B}^n \to \mathbf{B}$ (Hidden Weighted Bit Function) wird durch

$$HWB(x) = \begin{cases} 0, & wt(x) = 0 \\ x_{wt(x)}, & wt(x) > 0 \end{cases}$$

definiert.

Eine allgemeine Methode, um untere Schranken für die Größe von DD-Darstellungen zu zeigen, orientiert sich an den Methoden, die bei Beweisen der unteren Schranken für die $A \cdot T^2$ Komplexität von VLSI Schaltungen zur Anwendung kommen. Diese Methoden wurden erstmals von Bryant [35] übernommen, um untere Schranken für OBDD-Repräsentationen bestimmter Funktionen herzuleiten.

Die Idee ist dabei die folgende: Sei f eine Funktion, von der man zeigen will, daß das OBDD für f groß ist, unabhängig von der Variablenordnung. Dann mißt man den Informationsfluß, der zwischen der oberen Hälfte und der unteren Hälfte eines OBDDs fließen muß. Dabei ist die Größe des Informationsflußes durch die Anzahl der Kanten definiert.

Die Anzahl der verbindenden Kanten liefert eine untere Schranke für die Größe des OBDDs. Dabei treten die folgenden Fragen auf:

1. Wie definiert man obere und untere Hälfte?
2. Wie berechnet man untere Schranken für die Anzahl der verbindenden Kanten?

Um diese Idee zu formalisieren, führen wir die folgenden Notationen ein: X bezeichnet die Menge der Variablen und $Y \subseteq X$ eine ausgezeichnete Menge von *Schlüsselvariablen.* Weiter wird ein Parameter $\omega \in (0,1)$ gewählt (meistens 0.5) und eine Partitionierung von X in zwei Teilmengen L und R bestimmt. Die Partitionierung heißt *balanciert,* falls der Anteil von Y in L "ungefähr" gleich ω ist, also

$$\lfloor \omega \cdot |Y| \rfloor \leq |Y \cap L| \leq \lceil \omega \cdot |Y| \rceil.$$

Untere Schranken erhält man, indem man zeigt, daß jede balancierte Partitionierung großen Informationsfluß benötigt. Um den Informationsfluß abschätzen zu können, wird der Begriff der *Transfermenge* eingeführt.

Definition 5.7 Sei (L, R) eine Partition der Variablenmenge X. Dann läßt sich jede Wertzuweisung an die Variablen in X schreiben als linke Wertzuweisung $l : L \to \mathbf{B}$ und rechte Wertzuweisung $r : R \to \mathbf{B}$. $l \circ r$ bezeichnet dann die gesamte Wertzuweisung. Eine *Transfermenge*[4] $\mathbf{F}_{(L,R)}$ für die Partition (L, R) ist dann eine Menge von linken Wertzuweisungen mit der folgenden Eigenschaft: Seien l und l' mit $l \neq l'$ linke Wertzuweisungen in $\mathbf{F}_{(L,R)}$. Dann gibt es eine rechte Wertzuweisung r mit $f(l \circ r) \neq f(l' \circ r)$.

Lemma 5.3 Falls die Funktion $f \in \mathbf{B}_n$ für jede balancierte Partition (L, R) (bzgl. einer Menge Y und eines Parameters ω) eine Transfermenge $\mathbf{F}_{(L,R)}$ der Größe c^n besitzt $(c > 1)$, dann besteht jede OBDD-Repräsentation von f aus mindestens $c^n - 2 = \Omega(c^n)$ Knoten.

Beweis: Betrachte eine beliebige Variablenordnung, die durch eine Permutation π gegeben sei. Bestimme k, $1 \leq k \leq n$, so daß unter den ersten k Variablen der Ordnung mindestens $\lfloor \omega \cdot |Y| \rfloor$ und höchstens $\lceil \omega \cdot |Y| \rceil$ Elemente aus Y sind. Eine balancierte Partitionierung ist dann durch

$$\begin{aligned} L &= \{x_{\pi^{-1}(i)} | 1 \leq i \leq k\} \\ R &= \{x_{\pi^{-1}(i)} | k+1 \leq i \leq n\} \end{aligned}$$

gegeben. Betrachte nun ein beliebiges OBDD für f mit durch π induzierter Variablenordnung. Dann definiert jede linke Wertzuweisung genau einen Pfad von der Wurzel bis zum ersten Knoten hinter der durch L und R festgelegten Trennlinie. Weiter definiert jede Wertzuweisung, die in $\mathbf{F}_{(L,R)}$ enthalten ist, eine linke Wertzuweisung, die an paarweise verschiedenen Knoten hinter der Trennlinie endet. Ansonsten kann kein r existieren mit $f(l \circ r) \neq f(l' \circ r)$ für $l, l' \in \mathbf{F}_{(L,R)}$. Daher gibt es hinter der Trennlinie $\geq c^n - 2$ verschiedene nicht-terminale Knoten. Das OBDD hat also mindestens die Größe $\Omega(c^n)$. □

Beispiel 5.3 Betrachte die Funktion $f(x) = x_1x_4 + x_2x_5 + x_3x_6$. Bei der Partitionierung der Variablenmenge X in $L = \{x_1, x_2, x_3\}$ und $R = \{x_4, x_5, x_6\}$ enthält $\mathbf{F}_{(L,R)}$ alle möglichen Variablenbelegungen. Bei der Partitionierung in $L = \{x_1, x_2, x_4\}$ und $R = \{x_3, x_5, x_6\}$ enthält jede $\mathbf{F}_{(L,R)}$ weniger als vier Belegungen.

[4]In der englischsprachigen Literatur wird der Begriff *fooling set* verwendet.

Satz 5.8 Jede Repräsentation der Funktion *HWB* als OBDD besteht aus $\Omega(2^{\frac{n}{10}})$ Knoten.

Beweis: Für den Beweis des Satzes wird zunächst angenommen, daß n ein Vielfaches von 10 ist. Weiter sei L und R eine balancierte Partition mit $Y = X$ und $\omega = 0.6$. Dann enthält die Menge R genau $0.4n$ Elemente. X_H und X_L sind zwei Mengen, die durch

$$\begin{aligned} X_H &= \{x_{0.5n+1}, \ldots, x_{0.9n}\} \\ X_L &= \{x_{0.1n+1}, \ldots, x_{0.5n}\} \end{aligned}$$

definiert sind. Beide Mengen enthalten je $0.4n$ Elemente. Da die Menge R nur $0.4n$ Elemente enthält und $|X_H| + |X_L| = 0.8n$, muß entweder $|X_H \cap L| \geq 0.2n$ oder $|X_L \cap L| \geq 0.2n$ sein. Andernfalls würde die Menge L nicht mehr $0.6n$ Elemente enthalten. Daher kann eine Menge W der Kardinalität $0.2n$ bestimmt werden mit $W \subseteq X_H \cap L$ oder $W \subseteq X_L \cap L$.

Fall 1 : $W \subset X_H$

$\mathbf{F}_{(L,R)}$ wird so definiert, daß sie alle Wertzuweisungen enthält, die genau die Hälfte der Variablen in W und alle Variablen in $L - W$ auf 1 setzen. In L gibt es dann genau $0.5n$ Variablen, die den Wert 1 tragen. Um zu zeigen, daß $\mathbf{F}_{(L,R)}$ eine Transfermenge ist, werden nun zwei linke Wertzuweisungen $l, l' \in \mathbf{F}_{(L,R)}$ betrachtet mit $l(x_i) \neq l'(x_i)$. Da $W \subset X_H$ gilt $0.5n < i \leq 0.9n$. Da genau $0.5n$ Variablen aus L mit 1 belegt sind, kann r so gesetzt werden, daß sowohl für $l \circ r$ und $l' \circ r$ genau i Variablen mit dem Wert 1 belegt sind. Es gilt dann $HWB(l \circ r) = l(x_i) \neq l'(x_i) = HWB(l' \circ r)$. Für die Größe von $\mathbf{F}_{(L,R)}$ erhält man damit:

$$\begin{aligned} |\mathbf{F}_{(L,R)}| &= \binom{n/5}{n/10} \\ &= \Omega(2^{\frac{n}{10}}) \end{aligned}$$

Fall 2 : $W \subset X_L$

$\mathbf{F}_{(L,R)}$ wird durch die Menge aller linken Wertzuweisungen definiert, die genau die Hälfte der Variablen in W und und alle Variablen in $L - W$ auf 0 setzen. In L gibt es dann genau $0.1n$ Variablen, die mit 1 belegt sind. Um zu zeigen, daß $\mathbf{F}_{(L,R)}$ eine Transfermenge ist, werden wieder (wie im ersten Fall) zwei linke Wertzuweisungen betrachtet mit $l(x_i) \neq l'(x_i)$. Es gilt $0.1n < i \leq 0.5n$. Setze nun r so, daß in $l \circ r$ und $l' \circ r$ genau i Variablen mit 1 belegt sind. Es gilt dann wieder

$$HWB(l \circ r) = l(x_i) \neq l'(x_i) = HWB(l' \circ r).$$

Die Größe von $\mathbf{F}_{(L,R)}$ ist wie im ersten Fall durch $\Omega(2^{\frac{n}{10}})$ gegeben.

Die Einschränkung $\lfloor n/10 \rfloor \cdot 10 = n$ ist nicht wesentlich. Um dies einzusehen, betrachten wir ein n mit $\lfloor n/10 \rfloor \cdot 10 < n$. Sei $n' = \lfloor n/10 \rfloor \cdot n$. Dann gilt $n - n' \leq 9$. Man kann die Variablenmenge $X_{n'} = \{x_1, x_2, \ldots, x_{n'}\}$ in die Variablenmenge $X_n = \{x_1, x_2, \ldots, x_n\}$ einbetten. Bezeichnet man die Funktion HWB über n Variablen mit HWB_n, so berechnet die Funktion $HWB_n : \mathbf{B}^n \to \mathbf{B}$ die Funktion $HWB_{n'} : \mathbf{B}^{n'} \to \mathbf{B}$, falls die zusätzlichen Variablen auf 0 gesetzt werden. Also muß die OBDD-Repräsentation von HWB_n mindestens so groß sein wie die OBDD-Repräsentation von $HWB_{n'}$. Also hat sie die Größe $\Omega(2^{\frac{n'}{10}}) = \Omega(2^{\frac{n-c}{10}})$, mit $c \in (1,9)$. □

Korollar 5.5 Jede Repräsentation der Funktion HWB als OpFDD besteht aus $\Omega(2^{\frac{n}{10}})$ Knoten.

Beweis: Wir zeigen, daß die Repräsentation der Funktion $\tau(HWB)$ als OBDD aus mindestens $\Omega(2^{\frac{n}{10}})$ vielen Knoten besteht:

$$\tau(HWB)(x) = \bigoplus_{y \leq x} HWB(y)$$

Wir nehmen nun an, daß x k Variablen auf 1 setzt. Die Einsen seien an den Stellen $l_1, l_2, \ldots, l_k$ mit

$$1 \leq l_1 \leq l_2 \leq \ldots \leq l_k \leq n.$$

Alle $y \leq x$ erhält man, indem man an den Stellen $l_1, l_2, \ldots l_k$ die Einsen in Nullen umwandelt. Die Funktion $HWB(y)$ kann nur dann den Wert 1 berechnen, wenn in y, mit $y \leq x$, l_i Variablen mit Einsen belegt sind und $l_i \leq k$ $(1 \leq i \leq k)$.

Wir definieren nun $\mathbf{F}_{(L,R)}$ wie im Beweis von Satz 5.8. Es bleibt zu zeigen, daß $\mathbf{F}_{(L,R)}$ auch in beiden Fällen eine Transfermenge für $\tau(HWB)$ ist.

Fall 1 : $W \subset X_H$

Seien l und l' zwei verschiedene Belegungen für die Variablen in L. Sei i, $0.5n < i \leq 0.9n$, minimal mit $l(x_i) \neq l'(x_i)$. Nun wird r wie im Beweis von Satz 5.8 gewählt. Dann sind alle Eingabevariablen x_j mit $j < i$ durch $l \circ r$ und $l' \circ r$ mit gleichen Werten belegt, da i die erste Stelle ist, an der ein Unterschied auftritt. Es gilt dann:

$$\begin{aligned} \tau(HWB)(l \circ r) &= \bigoplus_{y < l \circ r} HWB(y) \oplus HWB(l \circ r) \\ \tau(HWB)(l' \circ r) &= \bigoplus_{y < l' \circ r} HWB(y) \oplus HWB(l' \circ r) \end{aligned}$$

Beachtet man nun, daß

1. $wt(y) < i$ ist für $y < l \circ r$ und $y < l' \circ r$,
2. $l \circ r$ und $l' \circ r$ an allen Stellen $j < i$ gleich belegt sind und
3. $|\{y \mid y < l \circ r, \sum_k y_k = j < i\}| = |\{y \mid y < l \circ r', \sum_k y_k = j < i\}|$,

dann erhalten wir

$$\tau(HWB)(l \circ r) = l(x_i) \neq l'(x_i) = \tau(HWB)(l' \circ r)$$

oder

$$\tau(HWB)(l \circ r) = \overline{l(x_i)} \neq \overline{l'(x_i)} = \tau(HWB)(l' \circ r).$$

Damit ist $\mathbf{F}_{(L,R)}$ eine Transfermenge. Die Größe von $\mathbf{F}_{(L,R)}$ kann wie in Satz 5.8 mit $\Omega(2^{\frac{n}{5}})$ abgeschätzt werden.

Fall 2 : $W \subset X_L$

Seien l und l' zwei verschiedene Belegungen für die Variablen in L. Sei i, $0.1n \leq i \leq 0.5n$, minimal mit $l(x_i) \neq l'(x_i)$. Dann wird analog zu Fall 1 argumentiert.

□

Somit wurde für die HWB sowohl für OBDDs als auch OpFDDs demonstriert, wie man eine untere Schranke beweisen kann. Diese Technik wird nun im folgenden benutzt, um Resultate für die binäre Multiplikation zu erhalten.

Binäre Multiplikation

Die Funktion *MULT* berechnet das Produkt zweier Binärzahlen. Im folgenden wird nun diese Funktion untersucht, und es wird die Größe der Darstellung für OBDDs und OpFDDs angegeben.

Man betrachtet dazu eine Menge F von Eingabebelegungen $l \circ r$ für eine balancierte Partition (L, R) mit folgenden Eigenschaften:

1. Für alle $l \circ r \in F$ gilt: $f(l \circ r) = z$ mit $z \in \{0, 1\}$ fest.

2. Für je zwei verschiedene Belegungen $l \circ r, l' \circ r' \in F$ gilt:

$$(f(l \circ r') \neq z) \vee (f(l' \circ r) \neq z)$$

Notation: Die Eigenschaften 1. und 2. werden im folgenden zusammen als $(*)$ bezeichnet.

Lemma 5.4 Falls F $(*)$ erfüllt, definiert die linke Eingangsbelegung eine Transfermenge für f mit der gleichen Größe wie F selbst.

Beweis: Man zeigt zuerst, daß zwei linke Eingangsbelegungen in F noch verschieden sind, d.h. für $l \circ r \neq l' \circ r'$ gilt $l \neq l'$.

Falls dies nicht so wäre, würde im Widerspruch zu $(*)$

$$f(l \circ r') = f(l' \circ r') = f(l \circ r) = f(l' \circ r)$$

gelten.

Es bleibt somit zu zeigen, daß es zu $l \circ r$, $l' \circ r' \in F$ ein $\tilde{r}$ gibt mit $f(l \circ \tilde{r}) \neq f(l' \circ \tilde{r})$. Nach Voraussetzung gilt:

$$(f(l \circ r') \neq z) \vee (f(l' \circ r) \neq z)$$

Sei oBdA $f(l \circ r') \neq z$. Somit ist dann aber $f(l' \circ r') = z$ und $f(l \circ r') \neq z$, womit r' die Bedingungen von $\tilde{r}$ erfüllt. □

Notation: Der i-te Ausgang eines n-Bit Multiplizierers wird mit $MULT_i^n$ bezeichnet.

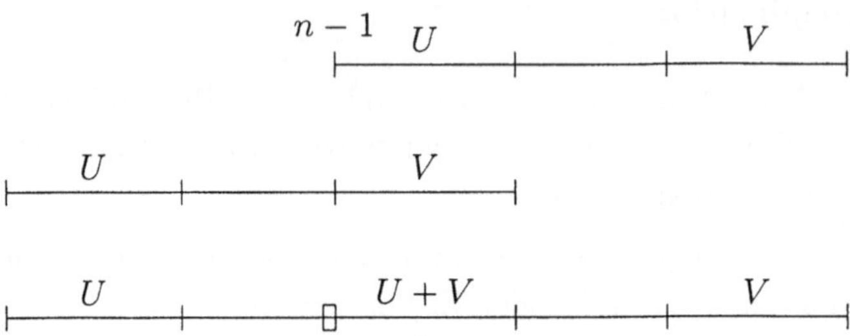

Abbildung 5.1: Addition zweier gegeneinander verschobener a-Operanden

Für die Funktion $MULT^n_{n-1}$ wird im folgenden eine Menge F konstruiert, die die Eigenschaft (∗) erfüllt. Man zeigt, daß eine Transfermenge mit exponentiell vielen Belegungen konstruiert werden kann.

Im folgenden soll kurz die Idee des Beweises der unteren Schranke für OBDDs angegeben werden. Im Anschluß wird ein formaler Beweis geführt. Es genügt, die Multiplikation auf einen Spezialfall einzuschränken: Betrachtet man die Operanden a und b, die miteinander multipliziert werden sollen, so betrachtet man nur solche Vektoren b, in denen genau zwei Bits auf den Wert 1 gesetzt sind.

Die entstehende Multiplikation entspricht somit nur einer Addition zweier gegeneinander verschobener a-Operanden. Die niederwertigen Bits von a, die bei der Konstruktion betrachtet werden, werden im folgenden mit V bezeichnet, die höherwertigen mit U. U und V werden genau so addiert, daß das höchstwertigste Bit von $U + V$ gerade $MULT^n_{n-1}$ entspricht. Die beschriebene Konstruktion wird in Abbildung 5.1 nochmals veranschaulicht.

Es werden nun Belegungen betrachtet, bei denen im wesentlichen U komplementär zu V ist. Wenn zwei solcher Belegungen vermischt werden, gibt es ein Bit (möglichst weit links) bei dem anstelle von $(1, 0)$ die Kombination $(1, 1)$ bzw. $(0, 0)$ auftritt. $(1, 1)$ führt dann zum Übertrag, der das höchstwertige Bit von $U + V$ kippt, d.h. die Eigenschaft (∗) ist erfüllt.

Für den formalen Nachweis betrachten wir $\omega = 0.5$ und $A = \{a_{n-1}, \ldots, a_0\}$. Es wird oBdA angenommen, daß n gerade ist. (Falls dies nicht erfüllt ist, kann man wie im Beweis der HWB durch Einbettung argumentieren.)

Der Operand a wird in obere Bits $A_U = \{a_{n-1}, \ldots, a_{\frac{n}{2}}\}$ und untere Bits $A_D = \{a_{\frac{n}{2}-1}, \ldots, a_0\}$ aufgeteilt.

Sei (L, R) eine balancierte Partitionierung. Dann existieren folgende Mengen:

$$A_{UL} = A_U \cap L$$

$$A_{DL} = A_D \cap L$$

$$A_{UR} = A_U \cap R$$

$$A_{DR} = A_D \cap R$$

Falls $|A_{UL}| = k$ ist, so ist $|A_{UR}| = |A_{DL}| = \frac{n}{2} - k$ und $|A_{DR}| = k$.

Es werden nun alle Möglichkeiten betrachtet, wie die durch die beiden Einsen in b bestimmten Vektoren a im Multiplikationsschema überlappt sein können. Eine Skizze veranschaulicht jeweils die Lage der Vektoren zueinander.

1. Die obere Hälfte ist maximal mit der unteren Hälfte überlappt. Die Menge $Args_0 = \{(a_{\frac{n}{2}+i}, a_i) \mid 0 \le i < \frac{n}{2}\}$ beschreibt die Paare von Bits, die sich bei der Addition treffen.

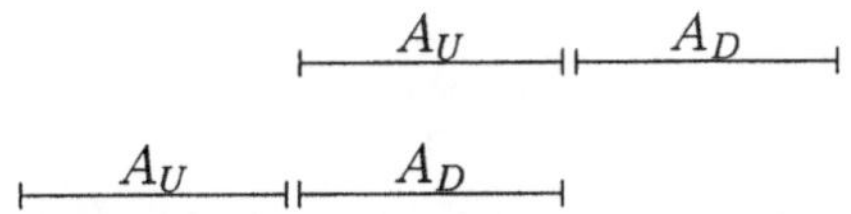

2. Die untere Hälfte ist im Vergleich zu 1. um $1 \le p \le \frac{n}{2} - 1$ nach rechts verschoben. Die sich treffenden Bits werden mit $Args_p = \{(a_{\frac{n}{2}+i}, a_{p+i}) \mid 0 \le i \le \frac{n}{2} - p\}$ bezeichnet.

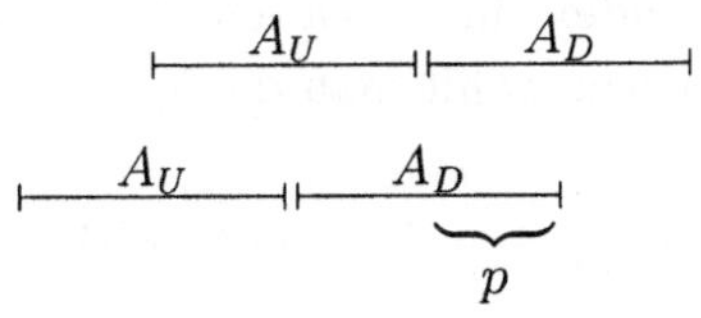

3. Die untere Hälfte ist im Vergleich zu 1. um $-\frac{n}{2} \le p < 0$ nach links verschoben. Die sich treffenden Bits werden mit $Args_p = \{(a_{\frac{n}{2}-p+i}, a_i) \mid 0 \le i \le \frac{n}{2} + p\}$ bezeichnet.

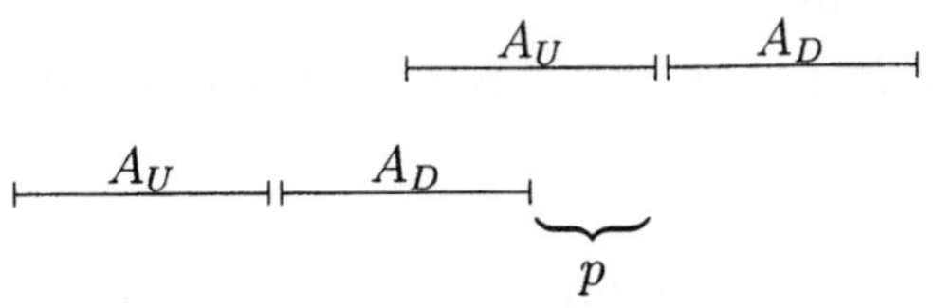

Man interessiert sich für Paare (a_i, a_j) in $Args_p$, die zwischen L und R aufgeteilt werden. Dazu setzt man:

$$Split_p = Args_p \cap ((A_{UL} \times A_{DR}) \cup (A_{UR} \times A_{DL}))$$

Die folgende Zwischenbehauptung bestimmt eine untere Schranke für die Anzahl der Paare in der Menge $Split_p$.

Behauptung: Es existiert ein p mit $|Split_p| \geq \frac{n}{8}$.

Beweis: Jedes Paar $a_i \in A_{UL}$, $a_j \in A_{DR}$ liegt für $p = j - i + \frac{n}{2}$ in der Menge $Split_p$. Analoges gilt für $a_i \in A_{UR}$ und $a_j \in A_{DL}$.

Also ist:

$$\begin{aligned} \sum_{-\frac{n}{2}<p<\frac{n}{2}} |Split_p| &= |A_{UL} \times A_{DR}| + |A_{UR} \times A_{DL}| \\ &= k^2 + (\frac{n}{2} - k)^2 \\ &\geq \frac{n^2}{8} \end{aligned}$$

Der letzte Schritt der Ungleichung ergibt sich durch Minimierung von k. Somit gibt es aber mindestens ein p mit $|Split_p| > \frac{n}{8}$. □

Es wird nun ein solches p mit $|Split_p| > \frac{n}{8}$ gewählt. Die Einsen in b können dann genau so gesetzt werden, daß die Paare aus $Split_p$ *übereinander liegen* und das Paar mit dem höchsten Index (in der ersten Komponente) auf Bitposition $n - 1$ im Multiplizierer liegt. Dazu wählt man die b_i wie folgt:

$p < 0$: Setze $b_0 = 1$ und $b_{\frac{n}{2}-p} = 1$. Alle anderen Bits b_i in b werden auf 0 gesetzt.

$p \geq 0$: Setze $b_p = 1$ und $b_{\frac{n}{2}} = 1$. Alle anderen Bits b_i in b werden auf 0 gesetzt.

Die höchstwertigen Bits in $Args_p$ werden in U, die niederwertigen in V entsprechend ihrer Reihenfolge zusammengefaßt. Dabei gilt $U = \{u_{m-1}, \ldots, u_0\}$ und $V = \{v_{m-1}, \ldots, v_0\}$, mit $m = \frac{n}{2} - |p|$.

Die Belegung von b ist nach obiger Beschreibung festgelegt. Der Vektor a wird dann gewählt als:

$$a_i = 0 \text{ für alle } a_i \in X \setminus (U \cup V)$$

Die Eingaben von U und V werden wie folgt gesetzt:

1. $u_{m-1} = v_{m-1} = 0$
2. $u_0 = v_0 = 1$
3. $u_i = \overline{v}_i = 1$ für alle $(u_i, v_i) \notin Split_p$ und $i \notin \{0, m-1\}$
4. $u_i = \overline{v}_i$ für alle $(u_i, v_i) \in Split_p$ und $i \notin \{0, m-1\}$

Durch diese Konstruktion gibt es immer mehr als $\frac{n}{8} - 2$ Paare aus $Split_p$, bei denen zwei Kombinationen möglich sind. Somit sind durch obige Definition mehr als $\frac{1}{4} 2^{\frac{n}{8}}$ Belegungen definiert.

Sei $\mathbf{F}_{(L,R)}$ zu gegebenem Paar (L, R) durch obige Belegung definiert. Dann gilt das folgende Lemma:

Lemma 5.5 $\mathbf{F}_{(L,R)}$ ist eine Transfermenge für $MULT^n_{n-1}$ und $\tau(MULT^n_{n-1})$.

Beweis:

1. Sei $f = MULT^n_{n-1}$.

   Man muß zeigen, daß $\mathbf{F}_{(L,R)}$ die Eigenschaft $(*)$ erfüllt. Für alle $l \circ r \in \mathbf{F}_{(L,R)}$ gilt $f(l \circ r) = 1$, da durch (u_0, v_0) ein Übertrag generiert wird, der bis zu (u_{m-1}, v_{m-1}) weitergereicht wird.

   Sei nun $l \circ r \neq l' \circ r'$ in $\mathbf{F}_{(L,R)}$. Dann sind die Werte von u_i und v_i $(1 \leq i \leq m-2)$ in $l' \circ r$, $l \circ r'$ durch folgende Tabelle definiert:

Lage		$l \circ r$		$l' \circ r'$		$l' \circ r$		$l \circ r'$	
u_i	v_i	u_i	v_i	u_i	v_i	u_i	v_i	u_i	v_i
L	L	1	0	1	0	1	0	1	0
R	R	1	0	1	0	1	0	1	0
L	R	x	$\overline{x}$	y	$\overline{y}$	y	$\overline{x}$	x	$\overline{y}$
R	L	x	$\overline{x}$	y	$\overline{y}$	x	$\overline{y}$	y	$\overline{x}$

   Sei i eine Stelle, an der sich $l \circ r$ und $l' \circ r'$ unterscheiden. Aus der Tabelle kann man dann ablesen, daß an dieser Stelle $x \neq y$ gilt, d.h. $x = \overline{y}$ bzw. $\overline{x} = y$. Für die gemischten Belegungen ist dann $u_i = v_i$ an der Stelle i. Dabei ist $(u_i, v_i) = (0, 0)$ in $l \circ r'$ und $(u_i, v_i) = (1, 1)$ in $l' \circ r$ oder umgekehrt.

Betrachtet man nun die höchste Bitposition i an der $l \circ r \neq l' \circ r'$, so hat nach obiger Überlegung $l \circ r'$ oder $l' \circ r$ an Position i den Wert $(u_i, v_i) = (0,0)$ stehen.

Sei dies oBdA für $l \circ r'$ der Fall. Dann ist $f(l \circ r') = 0$, aber $f(l' \circ r') = 1$. Somit ist aber gerade die Eigenschaft $(*)$ erfüllt.

2. Sei $g = \tau(MULT^n_{n-1})$.

   Sei $(a, b) \in \mathbf{F}_{(L,R)}$. Dann gilt:

$$\begin{aligned} g(a,b) &= \bigoplus_{(a',b') \leq (a,b)} f(a',b') \\ &= \Big(\bigoplus_{(a',b) \leq (a,b)} f(a',b)\Big) \oplus \underbrace{\Big(\bigoplus_{\substack{(a',b') \leq (a,b) \\ b' < b}} f(a',b')\Big)}_{=0} \\ &= \bigoplus_{(a',b) \leq (a,b)} f(a',b) \\ &= \underbrace{\Big(\bigoplus_{(a',b) < (a,b)} f(a',b)\Big)}_{=0} \oplus f(a,b) \\ &= f(a,b) \\ &= 1 \end{aligned}$$

   Seien $l \circ r \neq l' \circ r'$ zwei verschiedene Belegungen in $\mathbf{F}_{(L,R)}$. Dann gilt analog zu den Betrachtungen in 1., daß man oBdA annehmen kann, daß die am weitesten links gelegene Stelle in $l \circ r'$, an der sich $l \circ r$ und $l' \circ r'$ unterscheiden, mit $(0,0)$ besetzt ist.

   Dann schließt man analog zu oben:

$$g(l \circ r') = \bigoplus_{x \leq (l \circ r')} f(x) = f(l \circ r') = 0$$

□

Man erhält dann unmittelbar:

Satz 5.9 Jedes OBDD und jedes OpFDD, das das (n-1)-te Ergebnisbit $MULT^n_{n-1}$ eines n-Bit Multiplizierers repräsentiert, besitzt

$$\Omega(2^{\frac{n}{8}})$$

Knoten.

Durch Einbettung eines i-Bit Multiplizierers in einen n-Bit Multiplizierer erhält man folgendes Korollar:

Korollar 5.6 Jedes OBDD und jedes OpFDD für die Funktionen $MULT^n_{i-1}$ und $MULT^n_{2n-i-1}$, $1 \leq i \leq n$, besitzt die Größe $\Omega(2^{\frac{i}{8}})$.

Es wurde gezeigt, daß auch für freie BDDs nur exponentielle Darstellungen der Multiplizierer-Funktion möglich sind [131]. Es ist weiter offen, ob es für freie FDDs möglich ist, eine subexponentielle Darstellung anzugeben. Allerdings ist durch die Entwicklung der word-level DDs diese Frage — zumindest vom praktischen Standpunkt her — nur noch von untergeordneter Bedeutung.

Im folgenden werden nun word-level DDs genauer betrachtet und ihr Verhältnis zu bit-level DDs herausgearbeitet. Analog zu der Unterscheidung von Kapitel 3 und 4 wird im folgenden weniger Wert auf mathematische Vollständigkeit gelegt.

5.3 Word-level Decision Diagrams

In diesem Abschnitt werden (analog zum vorherigen) word-level DDs von der theoretischen Seite betrachtet. Dabei wird herausgearbeitet, welcher DD-Typ anderen durch die Darstellung "überlegen" ist.

5.3.1 Einfache Überlegungen

Zu Beginn werden einige einfache Beobachtungen angegeben, die dem Leser das Verständnis der nachfolgenden Betrachtungen erleichtern sollen (siehe Aufgabe 5.3):

Bemerkung 5.4 MTBDDs sind für Boolesche Funktionen isomorph zu OBDDs ohne CEs.

Bemerkung 5.5 K*BMDs, die nur die Shannon-Zerlegung verwenden, sind für Boolesche Funktionen isomorph zu OBDDs mit CEs. Alle internen Knoten repräsentieren dann ebenfalls Boolesche Funktionen. Im Gegensatz hierzu repräsentieren die inneren Knoten bei *BMDs oftmals ganzzahlige Funktionen, auch wenn die zu repräsentierende Funktion nur Boolesche Werte annimmt.

Bemerkung 5.6 K*BMDs sind bei der Repräsentation Boolescher Funktionen immer größer (oder gleich) OKFDDs, da man ein OKFDD aus einem K*BMD erhält, indem man eine modulo 2 Operation auf den inneren Knoten ausführt und anschließend den reduzierten Graphen bestimmt.

5.3.2 Kantengewichte

In diesem Abschnitt wird kurz anhand eines Beispiels motiviert, warum Kantengewichte die Darstellungsgröße signifikant beeinflussen können.

Beispiel 5.4 Sei

$$m(x_1, x_2, \ldots, x_n) := \prod_{i=1}^{n} p_i^{x_i} + 1,$$

wobei p_i die i-te Primzahl ist. Man sieht leicht, daß $m(x)$ durch einen K*BMD (mit nur Shannon-Zerlegungen) linearer Größe dargestellt werden kann, aber jedes MTBDD bzw. EVBDD benötigt exponentielle Größe. Erlaubt man auch MTBDDs mit multiplikativen Gewichten, so kann man zeigen, daß damit ebenso exponentieller Platz benötigt wird.

In analoger Weise kann man auch für die anderen Zerlegungstypen solche Resultate angeben.

5.3.3 Zerlegungstypen

Im Fall von bit-level DDs wurde in Abschnitt 5.2 schon gezeigt, daß durch die Wahl des Dekompositionstyps die Größe der Darstellung signifikant beeinflußt wird. Im folgenden wird gezeigt, daß sich analoge Resultate für den word-level Bereich beweisen lassen.

Vorab sei noch ein Beispiel angeführt, das die Unterschiede verdeutlicht. Hierzu wird noch eine weitere *3-Cliquen*-Funktion (analog zu Definition 5.5) eingeführt:

Definition 5.8 Sei $d = (d_{1,2}, \ldots, d_{n-1,n})$ eine DTL. $\#\text{-}cl_{n,3}^{d} : \mathbf{B}^{n(n-1)/2} \rightarrow \mathbf{Z}$ ist die Funktion über den Variablen $x_{i,j}$ $(1 \leq i < j \leq n)$ definiert durch:

$$\#\text{-}cl_{n,3}^{d}(x) = k \text{ genau dann, wenn } G_{pol_d(x)} \text{ genau } k \text{ } \textit{3-Cliquen} \text{ besitzt.}$$

name	n	inp	OBDD	OFDD	*BMD	K*BMD		
						S	pD	nD
$1\text{-}cl^d_{n,3}$	5	10	47	114	171	47	154	65
	7	21	207	6248	19676	207	19399	275
	8	28	367	-	-	367	-	477
	10	45	947	-	-	947	-	1185
$\oplus\text{-}cl^d_{n,3}$	5	10	94	22	123	94	112	217
	7	21	4005	65	25410	4005	24647	-
	8	28	36392	98	-	36392	-	-
	10	45	-	192	-	-	-	-
$\#\text{-}cl^d_{n,3}$	5	10	X	X	22	108	22	33
	7	21	X	X	65	6452	65	94
	8	28	X	X	98	-	98	139
	10	45	X	X	192	-	192	263

Tabelle 5.2: Vergleich verschiedener DD-Typen

Beispiel 5.5 In Tabelle 5.2 sind die Knotenzahlen angegeben, die ein OBDD (OFDD, EVBDD, *BMD, K*BMD) benötigt, um die Funktionen $1\text{-}cl^d_{n,3}, \oplus\text{-}cl^d_{n,3}$ und $\#\text{-}cl^d_{n,3}$ $(d = (pD, pD, \ldots, pD))$, in Abhängigkeit von n, darzustellen. (Bei OFDDs wurden nur positive Davio-Zerlegungen verwendet.) Ein 'X'-Eintrag bedeutet hierbei, daß die Funktion ganzzahlige Werte annimmt, die Datenstruktur aber nur Boolesche Werte zuläßt. Ein '-'-Eintrag bedeutet, daß die Funktion nicht mit 100.000 Knoten darstellbar ist.

In diesem Beispiel werden nur die "reinen" DDs betrachtet, d.h. das Mischen von Zerlegungstypen ist nicht erlaubt. Für alle Funktionen wurde die natürliche Variablensortierung verwendet.

Die Messungen zeigen, daß alle Shannon-basierten DDs die Funktion $1\text{-}cl^d_{n,3}$ gut darstellen können. $\#\text{-}cl^d_{n,3}$ hingegen kann leicht durch Davio-Zerlegungen repräsentiert werden. Shannon-basierte DDs scheitern hierbei jedoch schon für $n = 8$. $\oplus\text{-}cl^d_{n,3}$ kann nur durch OFDDs effizient repräsentiert werden. Hierbei ist der Unterschied zwischen bit- und word-level gut erkennbar, da sogar die word-level Davio-Zerlegung bei dieser Booleschen Funktion fehlschlägt.

Dieses Beispiel hat gezeigt, daß die zur Funktionsdarstellung benötigte Knotenanzahl stark variiert. Durch die Verwendung der verallgemeinerten τ-Funktion kann man (analog zum bit-level) sogar exponentielle Unterschiede beweisen [17]:

Satz 5.10 Für jede DTL $d = (d_{1,2}, \ldots, d_{n-1,n}) \in \{pD, nD\}^{n(n-1)/2}$ und jede Ordnung π der Variablen $x_{i,j}$ gilt:

i.) 1-$cl^d_{n,3}$ hat OBDDs, MTBDDs, EVBDDs, FEVBDDs polynomieller Größe ($O(n^5)$), aber nur OFDDs, KBMDs, K*BMDs (mit DTL d) exponentieller Größe ($2^{\Omega(n^2)}$).

ii.) $\oplus$-$cl^d_{n,3}$ hat OFDDs (with DTL d) polynomieller Größe $O(n^3)$, aber nur OBDDs, *BMDs, K(*)BMDs (mit DTL d) exponentieller Größe ($2^{\Omega(n)}$).

iii.) #-$cl^d_{n,3}$ hat KBMDs, K*BMDs (mit DTL d) polynomieller Größe ($O(n^3)$), aber nur MTBDDs, EVBDDs, FEVBDDs exponentieller Größe ($2^{\Omega(n^2)}$).

Analog lassen sich die Resultate aus den Korollaren 5.2, 5.3 und 5.4 auch auf word-level DDs übertragen.

5.4 Überblick

Abschließend zu diesem Kapitel werden die einzelnen Resultate nochmals durch Diagramme veranschaulicht. Weitere Details können in [17] nachgelesen werden.

Die "Welt" der DDs ist in Abbildung 5.2 angegeben. Eine Kante (von oben nach unten) symbolisiert hierbei die echte Inklusion eines DD-Typs.

Im Unterabschnitt 5.3.2 wurde angedeutet, daß durch "alle" Formen von Kantengewichten exponentielle Unterschiede impliziert werden. Dies ist in graphischer Form in Abbildung 5.3 dargestellt. Hierbei bedeutet ein Doppelpfeil von A nach B, daß A immer größer (oder gleichgroß) wie B ist und der Unterschied in manchen Fällen sogar exponentiell ist.

Abschließend werden die Relationen der unterschiedlichen DD-Typen zueinander angegeben. Um die Darstellung möglichst übersichtlich zu halten, werden erst die "vertikalen" und dann die "horizontalen" Zusammenhänge betrachtet[5]:

[5] Ein Pfeil von A nach B bedeutet, daß die Darstellung in A für jede Funktion f (bei gegebener Ordnung und DTL) immer größer oder gleich wie in B ist. Bei einem Doppelpfeil kann die Darstellung sogar exponentiell größer sein. Die beiden einfachen Striche geben an, daß OBDDs in K*BMDs und FEVBDDs isomorph enthalten sind.

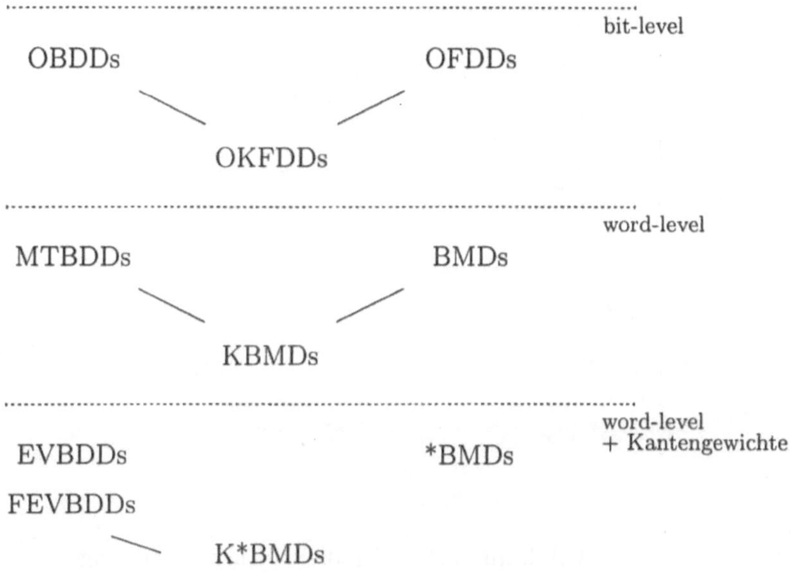

Abbildung 5.2: Welt der Decision Diagrams

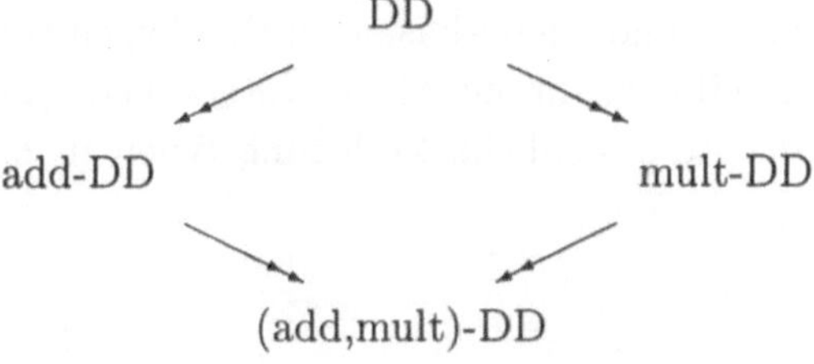

Abbildung 5.3: DDs mit unterschiedlichen Kantengewichten

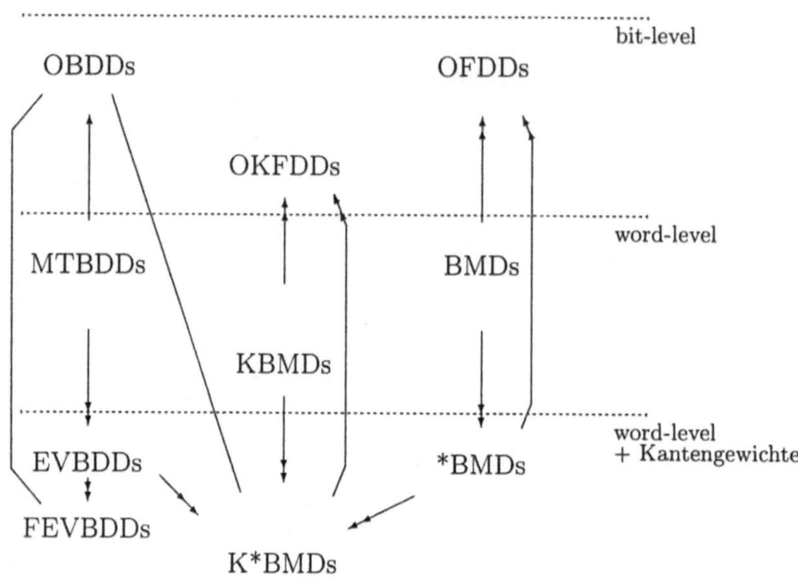

Abbildung 5.4: "Vertikale" Zusammenhänge

Vertikale Zusammenhänge (siehe Abbildung 5.4):

Man erkennt direkt, daß K*BMDs und FEVBDDs die einzigen DD-Typen sind, die OBDDs echt überdecken. K*BMDs sind effizienter als alle anderen word-level DDs, aber es gibt auch "einfache" Boolesche Funktionen, die nicht repräsentiert werden können.

Horizontale Zusammenhänge (siehe Abbildung 5.5):

Zwischen allen Shannon- und Davio-basierten DD-Typen (unabhängig von bit- oder word-level) gibt es exponentielle Unterschiede. Somit erscheint es günstig, mehrere unterschiedliche Zerlegungstypen in einem Graphen zuzulassen.

5.5 Aufgaben

Aufgabe 5.1 Geben Sie einen Algorithmus an, der ausgehend von einem OFDD G mit DTL d eine FPRM mit Polarität d für f_G^d konstruiert.

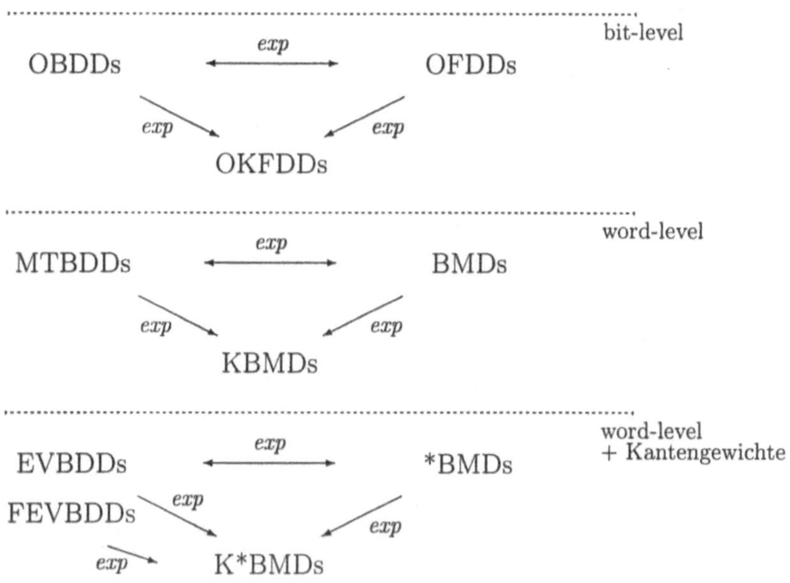

Abbildung 5.5: "Horizontale" Zusammenhänge

Aufgabe 5.2 $*$ Konstruieren Sie ein OpFDD für $\oplus$-$cl_{n,3}$ und überlegen Sie sich, wie Sie die Konstruktion auf $\oplus$-$cl^d_{n,3}$ und OFDDs verallgemeinern können.

Aufgabe 5.3 $*$ Beweisen Sie die Bemerkungen 5.4-5.6.

Aufgabe 5.4 $*$ Beweisen Sie die Resultate aus Satz 5.10.

Aufgabe 5.5 $*$ Für bit-level DDs wurde gezeigt, daß man nur drei Zerlegungstypen benötigt. Kann man ein analoges Resultat für word-level DDs beweisen? (Bei Lösung der Aufgabe bitte unmittelbar mit den Autoren in Verbindung setzen.)

6 Algorithmen für Decision Diagrams

6.1 Einleitung

In Kapitel 5 wurde die Darstellungsgröße der in den Kapiteln 3 und 4 eingeführten DDs (eher) unter komplexitätstheoretischen Gesichtspunkten betrachtet. Neben einer kompakten Darstellung ist es aber für die Einsetzbarkeit einer Datenstruktur auch erforderlich, effiziente Manipulations-Algorithmen zur Verfügung zu stellen. Wir führen diese im folgenden exemplarisch für einige wenige DD-Typen ein. Da die verwendeten Methoden bei den verbleibenden DD-Typen identisch sind, lassen sich entsprechende Algorithmen für den interessierten Leser problemlos herleiten. Generell beschränken wir uns in diesem und den folgenden Kapiteln auf geordnete DDs. Auf DDs, bei denen diese Ordnungsrestriktion gelockert oder aufgehoben wird, gehen wir in Kapitel 10 kurz ein.

Wir betrachten zunächst Auswertung und Erfüllbarkeit eines DDs bzw. der durch das DD repräsentierten Funktion. Es wird u.a. gezeigt, daß die Komplexität mancher mit Erfüllbarkeit in Zusammenhang stehenden Operationen stark vom gewählten DD-Typ abhängen. So ist z.B. das Zählen der erfüllenden Belegungen bei BDDs trival durchführbar [34]. Bei FDDs hingegen ist das Problem $\#P$-vollständig [19, 178].

Besonderer Wert wird auf die Synthese zweier als DD gegebenen Funktionen gelegt, da dies in vielen Anwendungen Verwendung findet (siehe [36]).

Bei den betrachteten DDs werden in der Regel eine feste Variablenordnung und eine fest gewählte Liste von Zerlegungstypen betrachtet. Die Wahl der Ordnung und der Zerlegung bestimmt die Größe des resultierenden DDs signifikant. Die Unterschiede können exponentiell groß sein (siehe Kapitel 5). Zur Bestimmung "guter" Werte werden exakte und heuristische Methoden beschrieben. Bei den heuristischen Verfahren unterscheiden wir zwischen anwendungsorientierten und dynamischen Verfahren. Ein Schwerpunkt liegt auf dynamischen Verfahren, da diese die bisher besten Ergebnisse bei großen Probleminstanzen erzielen. Die Grundoperation des dynamischen Variablensortierens ist das Vertauschen benachbarter Variablen [78]. Dies kann durch Anwendung auf Gruppen von Variablen die Größe des DDs extrem reduzieren [138]. Zur Dekompositionstypenwahl werden ebenso dynamische Methoden diskutiert [60, 67].

6.2 Auswertung und Erfüllbarkeit

Wir betrachten zunächst die Auswertung von DDs, d.h. die Frage, wie und wie schnell man zu einem Wert $a = (a_1, \ldots, a_n) \in \mathbf{B}^n$ den Wert $f(a)$ bestimmen kann, wenn $f : \mathbf{B}^n \to \mathbf{B}$ ($f : \mathbf{B}^n \to \mathbf{Z}$) als DD dargestellt ist. Aus den Shannonschen Entwicklungssätzen (siehe Satz 2.1 und 2.2) ergibt sich unmittelbar, daß bei einer Auswertung an einem Shannon-Knoten genau eine Teilfunktion weiter ausgewertet wird, während an einem Davio-Knoten der Funktionswert für beide Teilfunktionen ausgerechnet werden muß. Man erhält damit (unabhängig von Restriktionen an die Variablenordnung):

Lemma 6.1 Sei G ein DD über X_n und $a \in \mathbf{B}^n$.

1. Dann kann G in Zeit $O(|G|)$ für die Belegung a ausgewertet werden.

2. Falls G nur aus Shannon-Knoten besteht, ist die Auswertung in Zeit $O(depth(G))$ möglich.

Es gibt für bit-level DDs drei Hauptprobleme, die im Zusammenhang mit der Erfüllbarkeit einer Booleschen Funktion stehen [34, 176].

Sei dazu $f^{-1}(1) = \{a \in \mathbf{B}^n \mid f(a) = 1\}$ die Menge der erfüllenden Belegungen einer Booleschen Funktion f, und $\#(f)$ sei die Größe dieser Menge.

Die drei Probleme können dann wie folgt beschrieben werden:

SAT-ONE: Entscheide, ob $f^{-1}(1) \neq \emptyset$ und wenn dies der Fall ist, bestimme ein $a \in f^{-1}(1)$.

SAT-ALL: Zähle alle $a \in f^{-1}(1)$ auf.

SAT-COUNT: Berechne $\#(f)$.

Für OBDDs wurden in [34] für alle drei Probleme effiziente Algorithmen angegeben. Wir geben kurz die Hauptideen wieder.

Sei dazu G ein (reduziertes) OBDD über X_n. Falls die Wurzel v ein terminaler Knoten ist, so ist G genau dann erfüllbar, wenn G der 1-Knoten ist. Ansonsten führt mindestens eine der von v ausgehenden Kanten nicht zum 0-Knoten. Man wählt die Belegung der korrespondierenden Variablen entsprechend und berechnet so in Zeit $O(n)$ eine erfüllende Belegung und löst damit SAT-ONE.

Ein einfacher Induktionsbeweis zeigt, daß SAT-ALL in $O(n \cdot \#(f))$ berechnet werden kann (Aufgabe 6.1).

Zur Lösung von SAT-COUNT durchläuft man G rückwärts ausgehend von den terminalen Knoten. Zum terminalen 1-Knoten (0-Knoten) assoziiert man 2^n (0) erfüllende Belegungen. Sei nun v ein Knoten, bei dem die Anzahl der Erfüllungen für $low(v)$ und $high(v)$ schon berechnet sind. Dann setzt man für die Anzahl n der erfüllenden Belegungen in v

$$n = \frac{n_l + n_h}{2}$$

(n_l bzw. n_h ist die Anzahl der erfüllenden Belegungen für das OBDD mit Wurzel $low(v)$ bzw. $high(v)$). Induktiv folgt, daß SAT-COUNT in Zeit $O(|G|)$ berechnet werden kann, da man den Graphen in linearer Zeit traversieren kann, falls man annimmt, daß Addition und Division konstante Zeit benötigen.

Für OFDDs wurden diese Probleme in [178] betrachtet. Es wurde bewiesen, daß SAT-ONE für OFDDs in linearer Zeit (in Anzahl der Variablen) lösbar ist, wenn man den "linkesten 1-Pfad" wählt. Induktiv zeigt man, daß SAT-ALL in $O(|G| \cdot \#(f))$ berechnet werden kann (Aufgabe 6.2). Für SAT-COUNT existiert bei OFDDs (unter der Annahme $P \neq NP$) kein effizienter Algorithmus. (Der Beweis ist technisch sehr verwickelt. Daher verweisen wir an dieser Stelle auf die Originalarbeit.)

Das letztgenannte Ergebnis überträgt sich direkt auf OKFDDs, da diese eine Obermenge von OFDDs sind, d.h. auch für OKFDDs ist die Berechnung der

Erfüllbarkeitsproblem	OBDD	OFDD
SAT-ONE	$O(n)$	$O(n)$
SAT-ALL	$O(n \cdot \#(f))$	$O(\|G\| \cdot \#(f))$
SAT-COUNT	$O(\|G\|)$	#P-vollständig

Tabelle 6.1: Erfüllbarkeit von OBDDs und OFDDs

Zahl der erfüllenden Belegungen i.a. schwierig. Für SAT-ONE und SAT-ALL können die OBDD- und OFDD-Algorithmen kombiniert werden (Aufgabe 6.2).

Die Ergebnisse sind in Tabelle 6.1 nochmals zusammengefaßt. Hierbei bezeichnet wie vorher G den Graphen, der die Funktion f repräsentiert, und n die Anzahl der Variablen, über der f definiert ist.

6.3 Syntheseoperationen

In diesem Abschnitt werden Syntheseoperationen zu verschiedenen Datenstrukturen vorgestellt. Hierbei werden nicht alle in den Kapiteln 3 und 4 behandelten DDs betrachtet. Im ersten Teil werden OBDDs genau untersucht und im folgenden nur die wesentlichen Unterschiede bei der Verallgeinerung auf andere DD-Typen erläutert.

Zuerst wird die Frage behandelt, wie binäre Operationen realisiert werden können. Dazu betrachtet man einen binären Operator $*$, der stellvertretend für AND, OR, etc. steht. Im folgenden wird die Verträglichkeit des Operators $*$ mit der Zerlegungsmethode der Darstellung überprüft.

6.3.1 OBDDs

Seien F bzw. G OBDDs für die Funktionen f bzw. g. Eine Operation $*$ läßt sich auf OBDDs rekursiv über die Kofaktoren berechnen, da für beliebiges $*$ die Gleichung

$$(f * g)_i^c = f_i^c * g_i^c,$$

mit $c \in \{0,1\}$ gilt (siehe Aufgabe 6.3). Damit gilt für eine beliebige Variable x_i:

$$\begin{aligned} f * g &= \overline{x}_i(f * g)_i^0 + x_i(f * g)_i^1 \\ &= \overline{x}_i(f_i^0 * g_i^0) + x_i(f_i^1 * g_i^1) \end{aligned}$$

Beispiel 6.1 Für die AND-Operation $* = \cdot$ folgt :

$$f \cdot f' = \overline{x}_i f_{x_i}^0 {f'}_{x_i}^0 + x_i f_{x_i}^1 {f'}_{x_i}^1$$

Ist nun x_i die Variable an der Wurzel von F und G, dann besagt obige Rechnung, daß es genügt, die Operation $*$ auf den Kofaktoren, gegeben durch die entsprechenden Teil-BDDs von F und G, zu berechnen und dann die Teilergebnisse zum Gesamtergebnis zu kombinieren.

Es hat sich gezeigt, daß es nicht notwendig ist, alle Operationen $*$ der Reihe nach zu implementieren. Es genügt, *einen* ternären Operator *ite* (= if-then-else) zu realisieren, der für $f, g, h \in \mathbf{B}_n$ gegeben ist durch:

$$ite(f, g, h) = f \cdot g + \overline{f} \cdot h$$

Lemma 6.2 Alle binären Operationen können durch einen Aufruf von *ite* realisiert werden.

Beweis: Aufgabe 6.4 □

Für die Realisierung von *ite* zeigen wir zunächst — ähnlich wie oben für binäre Operationen — die Verträglichkeit des Operators *ite* mit der Shannon-Dekomposition. Sei dazu x_i eine Boolesche Variable. Es gilt dann:

$$\begin{aligned} ite(f, g, h) &= fg + \overline{f}h \\ &= \overline{x}_i(fg + \overline{f}h)_i^0 + x_i(fg + \overline{f}h)_i^1 \\ &= \overline{x}_i(f_i^0 g_i^0 + \overline{f}_i^0 h_i^0) + x_i(f_i^1 g_i^1 + \overline{f}_i^1 h_i^1) \\ &= \overline{x}_i ite(f_i^0, g_i^0, h_i^0) + x_i ite(f_i^1, g_i^1, h_i^1) \end{aligned}$$

Analog zu binären Operationen ermöglicht es obige Gleichung, die Berechnung von *ite* rekursiv über die Teil-BDDs abzuwickeln. Damit der rekursive Aufruf von *ite* terminiert, werden folgende terminale Fälle angegeben:

1. $ite(1, f, g) = ite(0, g, f) = ite(f, 1, 0) = ite(g, f, f) = f$
2. $ite(f, 0, 1) = \overline{f}$

Eine triviale Methode der Umsetzung der *ite*-Operation würde im *worst case* eine exponentielle Berechnungskomplexität bedeuten, da die Operation rekursiv auf allen möglichen 2^n Kofaktoren durchgeführt würde. Im folgenden wird gezeigt, wie man die *ite*-Operation besser umgesetzen kann. Dazu werden noch zwei Zusatzdatenstrukturen eingeführt, die es erlauben, die *worst case* Komplexität der *ite*-Operation deutlich zu verbessern: die *Unique Table* und die *Computed Table*.

Unique Table: Da man nur mit reduzierten OBDDs arbeiten möchte, wäre es wünschenswert, daß nicht reduzierte OBDDs erst gar nicht generiert werden. Deshalb muß vor der Generierung eines neuen Knotens zur Darstellung einer Funktion überprüft werden, ob diese Funktion schon realisiert wurde. Eine triviale (aber zeitaufwendige) Methode wäre es, der Reihe nach alle schon existierenden Knoten zu überprüfen. Stattdessen wird ein Wörterbuch gehalten, in dem alle realisierten Funktionen enthalten sind. Dieses Wörterbuch wird als *Unique Table* bezeichnet und durch eine Hash-Tabelle realisiert.

Computed Table: Die *Computed Table* ermöglicht es, Zwischenresultate zu speichern und bei einer erneuten Anfrage schnell zur Verfügung zu stellen. Somit können unnötige Mehrfachberechnungen eingespart werden.

Weitere Details zu diesen Datenstrukturen und die Verwendung bei der Implementierung eines DD-Paketes werden im folgenden Kapitel beschrieben.

Wir zeigen nun, wie unter den oben angegebenen Voraussetzungen die *ite*-Operation effizient auf OBDDs realisiert werden kann. Seien dazu F, G, H OBDDs über X_n für die Funktionen f, g, h. Die Variablenordnung sei ohne Einschränkung durch $x_1, x_2, \ldots, x_n$ gegeben. Dann liefert der in Abbildung 6.1 angegebene *ite*-Algorithmus bei Eingabe von F, G, H als Resultat das OBDD von $ite(f, g, h)$, den wir mit $ite(F, G, H)$ bezeichnen wollen. (Der Einfachheit halber unterscheiden wir im folgenden nicht mehr zwischen OBDD-Repräsentation und dargestellter Funktion, z.B. bezeichnen wir das OBDD für f_i^0 mit F_i^0, falls F OBDD für f und x_i die Variable im Wurzelknoten von F ist.

Das Verfahren aus Abbildung 6.1 sorgt dafür, daß alle entstehenden OBDDs reduziert sind. Außerdem werden unter der Annahme, daß die *Computed Table*

```
ite(F, G, H) {
 if (terminal case) {
   return result;
 } else if (computed-table has entry (F, G, H)) {
   return result;
 } else {
   let x_i be the top variable of (F, G, H);
   R_high = ite(F_i^1, G_i^1, H_i^1);
   R_low = ite(F_i^0, G_i^0, H_i^0);
   if (R_high == R_low) return R_high;

   /* prüfe, ob Knoten v mit Markierung x_i und
      Teil-BDDs R_low, R_high schon existiert und füge ihn ggf. ein */
   R = find_or_add_unique_table(v, R_low, R_high);

   /* trage Berechnung in computed table ein */
   insert_computed_table(F, G, H, R) ;
   return R;
 }
}
```

Abbildung 6.1: Algorithmus für die *ite*-Operation

beliebig groß ist, alle Kombinationen (F, G, H) höchstens einmal berechnet. Es gibt aber bei gegebenem (F, G, H) höchstens $|F| \cdot |G| \cdot |H|$ verschiedene Kombinationen von Teilfunktionen, die für *ite* ausgewertet werden müssen.

Somit gilt:

Lemma 6.3 Unter der Annahme, daß Einfügen und Anfrage für *Unique Table* und *Computed Table* in konstanter Zeit durchgeführt werden, läßt sich $ite(F, G, H)$ in $O(|F| \cdot |G| \cdot |H|)$ realisieren.

Bemerkung: Bei konkreten Implementierungen ist obige Voraussetzung streng genommen nicht erfüllt (siehe Kapitel 7), da die *Computed Table* i.a. als endlicher Cache realisiert ist. Anwendungen haben jedoch gezeigt, daß das Lemma im "täglichen Gebrauch" zutrifft.

Es werden nun weitere Verbesserungen angegeben, um die *ite*-Operation effizienter zu gestalten. So macht sich hier die Benutzung von CEs (siehe Abschnitt 3.6) schon bei den Terminalfällen bemerkbar, da durch die Gleichung

$$ite(F, 0, 1) = \overline{F}$$

die Berechnung von *ite* abgekürzt werden kann.

Weitere Ansätze, die Berechnung von *ite* zu verbessern, beruhen auf folgender Idee:

> Man versucht möglichst viele Tripel (F, G, H), für die *ite* das gleiche Ergebnis berechnet, früh zu entdecken. Dazu werden Äquivalenzrelationen auf der Menge der Tripel eingeführt. Für jede Klasse wird ein Vertreter definiert, der tatsächlich berechnet und dann in der *Computed Table* abgelegt wird.

Folgende Kriterien können dazu benutzt werden, Tripel zu klassifizieren:

- Zwei Argumente repräsentieren die gleiche Funktion.
- Bei zwei Argumenten ist das eine Argument das Komplement des anderen.
- Ein oder zwei Argumente sind konstant.

Die folgenden Schritte werden der Reihe nach ausgeführt, um die Berechnung von *ite* zu beschleunigen:

1. Schritt: Setze möglichst viele Konstanten durch Anwendung folgender Regeln ein:

$$ite(F,F,G) \rightarrow ite(F,1,G)$$
$$ite(F,G,F) \rightarrow ite(F,G,0)$$
$$ite(F,G,\overline{F}) \rightarrow ite(F,G,1)$$
$$ite(F,\overline{F},G) \rightarrow ite(F,0,G)$$

2. Schritt: Benutze folgende Gleichungen:

$$\begin{aligned} ite(F,1,G) &= ite(G,1,F) \\ ite(F,G,0) &= ite(G,F,0) \\ ite(F,G,1) &= ite(\overline{G},\overline{F},1) \\ ite(F,0,G) &= ite(\overline{G},0,\overline{F}) \end{aligned}$$

Um den Vertreter auszuwählen, betrachtet man die oberste Variable und wählt den Vertreter mit der kleinsten Variablen. Falls dies nicht eindeutig ist, wählt man die Funktion, deren oberster Knoten die kleinste Adresse hat. Damit ist ein Vertreter eindeutig bestimmt.

3. Schritt: Wende die folgenden Gleichungen an:

$$\begin{aligned} ite(F,G,H) &= ite(\overline{F},H,G) \\ &= \overline{ite(F,\overline{G},\overline{H})} \\ &= \overline{ite(\overline{F},\overline{H},\overline{G})} \end{aligned}$$

Man überlegt sich leicht, daß unter diesen vier Tripeln genau eines existiert, das an den ersten beiden Stellen Funktionen stehen hat, die keine Komplementmarken auf ihren Funktionskanten besitzen. Dieses wird ausgewählt und falls benötigt berechnet.

Bemerkung: Die oben angegebenen Umformungsregeln können effizient die *De Morgan-Regeln* erkennen.

Führt man alle obigen Ersetzungen durch, so wird die Anzahl der in die *Computed Table* einzutragenden Zwischenresultate erheblich vermindert. Somit wird Speicherplatz eingespart, was sich auch bei der Zugriffsgeschwindigkeit bemerkbar macht.

Zusammenfassend erhalten wir, daß es mithilfe von *ite* möglich ist, alle binären Syntheseoperationen auf OBDDs effizient durchzuführen.

Abschließend soll noch kurz auf die Möglichkeit eingegangen werden, weitere Operationen zur Verfügung zu stellen, deren Implementierung je nach betrachteter Anwendung von Nutzen sein kann. Exemplarisch sei hier zunächst die Restriktion erwähnt. Im folgenden wählen wir die Notation F_i^c für die Restriktion (= Kofaktor) von F bzgl. $x_i = c, c \in \{0,1\}$. Für OBDDs ist dies eine einfach zu realisierende Operation, da in den Graphen die Kofaktoren schon implizit gegeben sind. Es genügt, jede eingehende Kante für die mit x_i markierten Knoten jeweils auf den Knoten, der das linke bzw. rechte Teil-BDD repräsentiert, umzurichten. Dies kann in Linearzeit in der Größe des OBDDs geschehen. Die Restriktion kann dazu benutzt werden, zusammen mit den binären Operationen *existentielle* und *universelle Quantifikation*, wie sie z.B. im Bereich der Verifikation verwendet werden, zu realisieren:

$$\begin{aligned} \forall_{x_i} F &:= F_i^0 \cdot F_i^1 \\ \exists_{x_i} F &:= F_i^0 + F_i^1 \end{aligned}$$

6.3.2 OFDDs und OKFDDs

Bei OFDDs lassen sich die Syntheseoperationen nicht so problemlos wie bei OBDDs realisieren. Im folgenden werden die einzelnen Operationen für OpFDDs beschrieben. Die Resultate übertragen sich direkt auf die negative Davio-Dekomposition. Die Syntheseoperationen für OKFDDs ergeben sich dann direkt aus den einzelnen Operationen für OBDDs, OpFDDs und OnFDDs.

Zunächst wird die EXOR-Operation vorgestellt, die als Grundlage für weitere Operationen notwendig ist. Wenn man zwei Funktionen f und g mittels pD-Dekomposition zerlegt, dann gilt:

$$\begin{aligned} f \oplus g &= (f_i^0 \oplus x_i f_i^2) \oplus (g_i^0 \oplus x_i g_i^2) \\ &= (f_i^0 \oplus g_i^0) \oplus x_i (f_i^2 \oplus g_i^2) \end{aligned}$$

Die EXOR-Operation ist also mit der pD-Dekomposition verträglich, und dies ermöglicht es, rekursiv an einen pD-Knoten die EXOR-Operation auf dem linken und rechten Teilgraphen durchzuführen. Analog gilt dies auch für nD-Knoten. Somit hat man (analog zur Shannon-Dekomposition) die Grundlage für einen effizienten Algorithmus für die EXOR-Operation für Davio-Knoten gefunden.

Man erhält einen effizienten Algorithmus für die EXOR-Operation sogar für OKFDDs (und somit natürlich auch für OBDDs, OpFDDs und OnFDDs). Der resultierende Algorithmus zur EXOR-Operation für zwei OKFDDs (mit gleicher Variablensortierung und DTL) ist in Abbildung 6.2 zu finden. Er hat analog zu den bekannten Synthesealgorithmen für OBDDs (siehe Abschnitt 6.3.1) eine *worst case* Laufzeit für zwei OKFDDs F und G von $O(|F| \cdot |G|)$[1]. Genauer gesagt erhält man die Komplexitätsaussage durch folgende Beobachtung:

> Betrachtet man die beiden obigen rekursiven Gleichungen, so erkennt man, daß ein Aufruf der EXOR-Operation für zwei OpFDDs F und G zu weiteren EXOR-Aufrufen auf Teilgraphen führt. Die maximale Anzahl der verschiedenen Aufrufe ist damit durch die Anzahl der Knoten in F multipliziert mit der Anzahl der Knoten in G beschränkt. Ferner braucht wegen der *Computed Table* (siehe Abschnitt 6.3.1) jeder Aufruf mit gleichen Parametern nur einmal berechnet zu werden. Außerdem wird neben den rekursiven Aufrufen nur konstante Zeit pro Knoten benötigt. Da die Komplexität der EXOR-Operation somit nur durch die Anzahl der verschiedenen rekursiven Aufrufe bestimmt ist, gilt also, daß die Laufzeit durch $O(|F| \cdot |G|)$ begrenzt ist.

Mithilfe der EXOR-Operation können OBDDs in OKFDDs transformiert werden. Hierzu startet man mit einer rekursiven Berechnung im OBDD. An jedem S-Knoten v (markiert mit x_i), welcher in einen D-Knoten transformiert werden soll, wird der D-Knoten v', der zu der von v repräsentierten Funktion gehört, konstruiert. Der Nachfolger $low(v)$ kann im Falle eines positiven Davio-Knotens sofort für $low(v')$ verwendet werden, da er den Kofaktor für $x_i = 0$ repräsentiert. (Für den Fall eines negativen Davio-Knotens muß $high(v)$ verwendet werden.) Um den Nachfolger $high(v')$ zu berechnen, muß auf den beiden Nachfolgern von v eine EXOR-Operation durchgeführt werden. Diese Operation kann für OKFDDs effizient durchgeführt werden (siehe oben). Der Konstruktionsalgorithmus ist in Abbildung 6.3 zu sehen. Hier wird *ite* zum Aufruf einer EXOR-Operation auf OBDDs verwendet. Wegen $ite(F, G, H) := F \cdot G + \overline{F} \cdot H$ entspricht der Aufruf

[1]Es wird hierbei vorausgesetzt, daß auf zuvor berechnete Ergebnisse in konstanter Zeit zugegriffen werden kann.

```
kfdd_exor_kfdd (F, G) {
  if (terminal case) {
     return result;
  } else if (computed-table has entry (F, G)) {
     return result;
  } else {
     let x_i be the top variable of (F, G);
     if Shannon(x_i) {
        R_low = kfdd_exor_kfdd(F_i^0, G_i^0);
        R_high = kfdd_exor_kfdd(F_i^1, G_i^1);
        if (R_low == R_high) return R_low;
     } else if pos_Davio(x_i) {
        R_low = kfdd_exor_kfdd(F_i^0, G_i^0);
        R_high = kfdd_exor_kfdd(F_i^2, G_i^2);
        if (R_high == 0) return R_low;
     } else {
        R_low = kfdd_exor_kfdd(F_i^1, G_i^1);
        R_high = kfdd_exor_kfdd(F_i^2, G_i^2);
        if (R_high == 0) return R_low;
     }
     /* prüfe, ob Knoten v mit Markierung x_i und
        Teil-KFDDs R_low, R_high schon existiert und
        füge ihn ggf. ein */
     R = find_or_add_unique_table(v, R_low, R_high);
     insert_computed_table(F, G, R);
     return R;
  }
}
```

Abbildung 6.2: Algorithmus für die EXOR-Operation

von $ite(F, \overline{G}, G)$ einer EXOR-Operation auf F und G. (Für die Zeitkomplexität gilt analog zu oben, daß dieser Aufruf durch $O(|F| \cdot |G|)$ begrenzt ist.)

In diesem Schema wird eine DTL der Funktion übergeben. Die Variablenordnung bleibt während der Transformation erhalten. (Obwohl die Operation für jeden Knoten effizient ausführbar ist, hat der Algorithmus eine exponentielle *worst-case* Laufzeit (siehe Satz 5.4).)

Es ist nun leicht, durch kleine Änderungen des vorgestellten Algorithmus' aus Abbildung 6.3 auch einen Algorithmus für die Transformation eines OKFDDs in ein OKFDD mit einer anderen Wahl der DTL zu erstellen. Es müssen lediglich die rekursiven Aufrufe von *ite* durch Aufrufe der Prozedur *kfdd_exor_kfdd()* ersetzt werden. Zusätzlich müssen noch einige Fälle unterschieden werden, je nachdem welche Nachfolger zur Verfügung stehen. Soll z.B. ein negativer Davio-Knoten in einen S-Knoten umgewandelt werden, so muß man den Kofaktor nach 0 berechnen. (Für jede Umwandlung ist eine EXOR-Operation auf den Nachfolgern notwendig.)

Wir kommen nun zur Realisierung der AND-Operation. Sie erweist sich für D-Knoten komplizierter als die EXOR-Operation. Die folgende rekursive Gleichung gilt bei der AND-Operation, wenn man zwei Funktionen f und g mittels pD-Dekomposition zerlegt:

$$
\begin{aligned}
f \cdot g &= (f_i^0 \oplus x_i f_i^2) \cdot (g_i^0 \oplus x_i g_i^2) \\
&= (f_i^0 \cdot g_i^0) \oplus x_i((f_i^2 \cdot g_i^2) \oplus (f_i^0 \cdot g_i^2) \oplus (g_i^0 \cdot f_i^2))
\end{aligned}
$$

Diese Gleichung definiert erneut einen rekursiven Algorithmus, der ähnlich zu dem aus Abbildung 6.2 ist, allerdings ist die Berechnung des OpFDDs bzw. OKFDDs an der *high*-Kante aufwendiger. Im folgenden wird gezeigt, daß jeder Algorithmus, der die AND-Operation auf OpFDDs berechnet, sogar exponentielles *worst case* Verhalten hat. Dazu wird die Funktion $T^{\leq 3}_{n(n-1)/2}$ definiert:

Definition 6.1 $T^{\leq 3}_{n(n-1)/2} : \mathbf{B}^{n(n-1)/2} \to \mathbf{B}$ ist über den Variablen x_{ij} $(1 \leq i < j \leq n)$ definiert. $T^{\leq 3}_{n(n-1)/2}$ ist genau dann 1, wenn höchstens 3 der x_{ij} den Wert 1 haben.

Offensichtlich ist $T^{\leq 3}_{n(n-1)/2}$ symmetrisch. Für symmetrische Funktionen, die als OpFDD oder OnFDD repräsentiert werden, gilt folgendes Lemma:

```
bdd_to_kfdd (F) {
 if (terminal case) {
   return result;
 } else if (computed-table has entry (F)) {
   return result;
 } else {
   let x_i be the top variable of (F);
   if Shannon(x_i) {
     R_low = bdd_to_kfdd(F_i^0);
     R_high = bdd_to_kfdd(F_i^1));
     if (R_low == R_high) return R_low;
   } else if pos_Davio(x_i) {
     R_low = bdd_to_kfdd(F_i^0);
     R_high = bdd_to_kfdd(ite(F_i^0, ¬F_i^1, F_i^1));
     if (R_high == 0) return R_low;
   } else {
     R_low = bdd_to_kfdd(F_i^1);
     R_high = bdd_to_kfdd(ite(F_i^0, ¬F_i^1, F_i^1));
     if (R_high == 0) return R_low;
   }
   /* prüfe, ob Knoten v mit Markierung x_i und
      Teil-KFDDs R_low, R_high schon existiert und
      füge ihn ggf. ein */
   R = find_or_add_unique_table(v, R_low, R_high);
   insert_computed_table(F, R);
   return R;
 }
}
```

Abbildung 6.3: Algorithmus zur Konstruktion eines OKFDDs aus einem OBDD

Lemma 6.4 Sei $f : \mathbf{B}^n \to B$ symmetrisch. Dann hat jedes OpFDD bzw. OnFDD für f die Größe $O(n^2)$.

Beweis: Da f in allen Variablenpaaren (x_i, x_j) symmetrisch ist, gilt für alle Paare:

$$(f_i^0)_j^1 = (f_i^1)_j^0$$

Es wird nun gezeigt, daß der Graph, der f repräsentiert, eine spezielle Struktur besitzt. Die folgende Rechnung zeigt, daß in OpFDDs für symmetrische Funktionen der rechte Untergraph des linken Untergraphen identisch ist mit dem linken Untergraphen des rechten Untergraphen:

$$\begin{aligned}(f_i^0)_j^0 \oplus (f_i^0)_j^1 &= (f_i^0)_j^0 \oplus (f_i^1)_j^0 \\ &= (f_i^0 \oplus f_i^1)_j^0\end{aligned}$$

Somit wächst das OpFDD pro Level um maximal einen Knoten, und man erhält die Behauptung des Lemmas für OpFDDs.

Analog erhält man das Resultat für OnFDDs. □

Es stehen nun alle Hilfsmittel zur Verfügung, um die exponentielle Schranke zu beweisen.

Satz 6.1 Es gibt eine Boolesche Funktion $f_n \in \mathbf{B}_n$, so daß jedes freie pFDD für f_n die Größe $2^{\Omega(n)}$ besitzt, aber f_n sich als Produkt zweier OpFDDs polynomieller Größe darstellen läßt.

Beweis: Für die $1\text{-}cl_{n,3}$-Funktion wurde die geforderte untere Schranke in Satz 5.4 bewiesen. Es genügt somit, zwei polynomiell große OpFDDs anzugeben, deren Produkt die $1\text{-}cl_{n,3}$-Funktion ergibt.

Man betrachte die Funktionen $\oplus\text{-}cl_{n,3}$ und $T_{n(n-1)/2}^{\leq 3}$, die nach Satz 5.4 und Lemma 6.4 beide nur polynomiell große OpFDDs haben. Man verifiziert direkt:

$$1\text{-}cl_{n,3} = \oplus\text{-}cl_{n,3} \cdot T_{n(n-1)/2}^{\leq 3}$$

□

Korollar 6.1 Es gibt eine Boolesche Funktion f_n, so daß jedes freie pFDD für f_n die Größe $2^{\Omega(n)}$ besitzt, aber f_n sich als OR-Verknüpfung zweier OpFDDs polynomieller Größe darstellen läßt.

Beweis: Das Korollar folgt aus dem vorangegangenen Satz und der Anwendung der *De Morgan-Regeln*, da das Komplement einer Booleschen Funktion effizient bestimmt werden kann. □

Obige Resultate übertragen sich direkt auf den Fall von OnFDDs. Wenn man jedoch OKFDDs mit einer konstanten Anzahl von Levels, in denen Davio-Dekompositionen durchgeführt werden, betrachtet, so ist die AND- bzw. OR-Operation polynomiell. (Dies folgt unmittelbar aus der Tatsache, daß ein OKFDD mit nur konstant vielen Davio-Leveln in polynomieller Zeit durch die Anwendung von EXOR-Operationen in ein OBDD umgewandelt werden kann. Auf dem OBDD kann dann die AND- bzw. OR-Operation in polynomieller Zeit durchgeführt werden. Die Rücktransformation in ein OKFDD ist ebenfalls polynomiell beschränkt.)

Die Negation einer Funktion f kann durch die Verwendung von CEs in konstanter Zeit durchgeführt werden. Falls bei einer Realisierung keine CEs verwendet werden, kann man wegen folgender Gleichung die Negation ebenfalls einfach berechnen:

$$\overline{f} = 1 \oplus f$$

Somit ist lediglich eine EXOR-Operation mit der Konstanten 1 im OKFDD notwendig.

Mittels der vorgestellten Algorithmen für die EXOR-, AND-, und NOT-Operation kann man nun jede beliebige binäre Operation realisieren.

Für ein OKFDD F kann die Restriktion F_i^c für eine Variable x_i und eine Konstante c durch Traversieren des Graphen und Durchführung der korrespondierenden Ersetzungen berechnet werden: Der Fall für Shannon-Knoten wurde bereits in Abschnitt 6.3.1 behandelt. Im Fall von pD-Knoten (nD-Knoten) und $x_i = 0$ ($x_i = 1$) kann man analog verfahren.

Im Fall von pD-Knoten (nD-Knoten) und $x_i = 1$ ($x_i = 0$), wird an jedem Knoten v mit Markierung x_i und den Teilfunktionen g und h das folgende ausgeführt: Die eingehenden Kanten müssen auf ein OKFDD für $g \oplus h$ zeigen, d.h., daß eine EXOR-Operation ausgeführt werden muß.

6.3.3 Word-level DDs

Die Algorithmen für word-level DDs können analog zu den bit-level Algorithmen definiert werden. Genau wie bei OKFDDs muß gemäß dem Dekompositionstyp unterschieden werden, falls mehrere Zerlegungen erlaubt sind, wie dies z.B. bei K*BMDs der Fall ist.

Eine genaue Beschreibung von word-level Algorithmen findet sich in [38] für den Fall von *BMDs. Analog zu oben lassen sich Analysen zur *worst case* Komplexität der Algorithmen durchführen. Es zeigt sich, daß bei *BMDs bzw. K*BMDs die Operationen wie bei OpFDDs bzw. OKFDDs exponentielle Laufzeit haben können [70, 17].

Bei word-level DDs können Operationen sinnvoll sein, die zwischen DDs für verschiedene Bitbreiten "hin- und herschalten", im Extremfall führt dies zu Transformationen von word-level DDs zu bit-level DDs und umgekehrt. Die entsprechenden Operationen *Split* und *Contract* werden in [5, 66] genauer betrachtet.

6.4 Minimieren von DDs

Wie schon aus Kapitel 5 bekannt, beeinflußt die Wahl der Ordnung und des Zerlegungstyps die Größe eines DDs (in vielen Fällen) signifikant. In diesem Abschnitt werden exakte und heuristische Methoden zum Minimieren verschiedener DD-Typen vorgestellt. Eine wichtige Operation bei der Minimierung ist das Vertauschen von Variablen, die aus diesem Grunde vorab diskutiert wird.

6.4.1 Vertauschen von Variablen

Wir zeigen zunächst, wie zwei beliebige Variablen x_i und x_j in einem OBDD miteinander durch Anwendung von Syntheseoperationen vertauscht werden können. Damit läßt sich dann das OBDD bzgl. einer Variablenordnung π_1 in das OBDD für eine beliebige andere Ordnung π_2 transformieren.

Gegeben sei also ein OBDD F für die Funktion f mit x_i als oberster *bottom*-Variablen. Durch zweimalige Anwendung der Shannon-Entwicklung auf f bzgl. x_i und x_j ergibt sich folgender Ausdruck:

$$f = x_i x_j (f_i^1)_j^1 + x_i \overline{x}_j (f_i^1)_j^0 + \overline{x}_i x_j (f_i^0)_j^1 + \overline{x}_i \overline{x}_j (f_i^0)_j^0$$

Die Funktion $g = f|_{x_i \leftarrow x_j, x_j \leftarrow x_i}$, die sich aus f duch Ersetzen der i-ten durch die j-te und der j-ten durch die i-te Variable ergibt, läßt sich dann schreiben als:

$$g = x_i x_j (f_i^1)_j^1 + \overline{x}_i x_j (f_i^1)_j^0 + x_i \overline{x}_j (f_i^0)_j^1 + \overline{x}_i \overline{x}_j (f_i^0)_j^0$$

g kann leicht durch Anwendung der Operationen *Restriktion* und *ite* berechnet werden. Wenn man in g die j-te Variable als die i-te Variable und umgekehrt interpretiert, so erhält man wieder f. Also ergibt das OBDD für g ein OBDD für f unter der Vertauschung von x_i und x_j.

Obige Methode der Variablenvertauschung ist zwar konzeptuell einfach, durch die mehrfache Anwendung des *ite*-Operators aber auch rechenaufwendig. Auf der Basis des *ite*-Operators kann man aber auch einfache Austauschoperationen in der Variablenreihenfolge definieren. So wurden in [25] *Jump-up* und *Jump-down* eingeführt. Für diese Operatoren wurden polynomiale Schranken angegeben. Für die Details verweisen wir auf die Originalarbeit.

Wir betrachten stattdessen im folgenden den Tausch *benachbarter* Variablen, eine Grundoperation, die bei fast allen Standardheuristiken angewendet wird. Es wird sich herausstellen, daß dieser Tausch eine lokale Operation bedeutet und seine Komplexität deutlich geringer ist als die der oben erwähnten (nicht lokalen) Tauschoperationen. (Ein Tausch beliebiger Variablen kann natürlich durch eine Tauschfolge von benachbarten Variablen ersetzt werden.)

Der allgemeine Fall für das Vertauschen von zwei in der Ordnung aufeinanderfolgenden Variablen x_i und x_j in einem bit-level DD ist in Abbildung 6.4 dargestellt. Alle anderen Fälle lassen sich auf diesen reduzieren. Man erkennt leicht, daß dieses Muster unabhängig von den Dekompositionstypen der Variablen x_i und x_j ist. Dazu betrachte man exemplarisch folgenden Fall:

Beispiel 6.2 Sei x_j vom Typ pD und x_i vom Typ S. Stellt das linke OKFDD in Abbildung 6.4 die Funktion f dar, so gilt:

$$\begin{aligned} f_1 &= (f_i^0)_j^0 \\ f_2 &= (f_i^0)_j^0 \oplus (f_i^0)_j^1 \\ f_3 &= (f_i^1)_j^0 \\ f_4 &= (f_i^1)_j^0 \oplus (f_i^1)_j^1 \end{aligned}$$

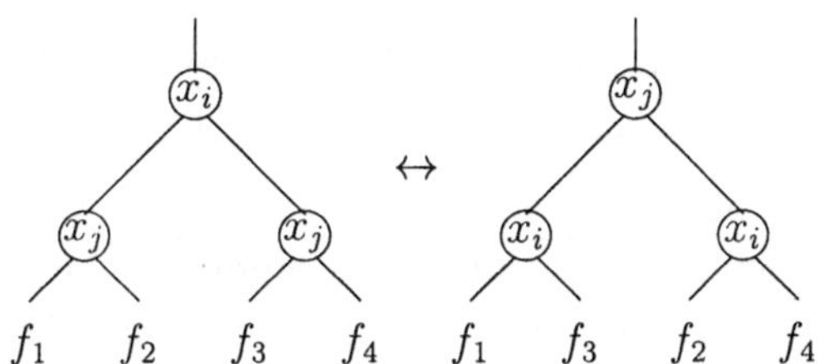

Abbildung 6.4: Tausch von Variable x_i mit benachbarter Variable x_j

Wegen

$$(f_i^a)_j^b = (f_j^b)_i^a \quad \text{und} \quad (f \oplus g)_i^a = f_i^a \oplus g_i^a$$

für beliebige Boolesche Funktionen f, g und $a, b \in \mathbf{B}$ ergeben sich in Abbildung 6.4 die gleichen Funktionen. Wir haben also zum Tausch benachbarter Variablen lediglich f_2 und f_3 zu vertauschen.

Die Abbildung zeigt zwar nur den Fall für OKFDDs ohne CEs, es ist jedoch möglich, die Überlegungen, wie im folgenden dargelegt, auf OKFDDs mit CEs zu verallgemeinern. Nach den Bedingungen für CEs können nur *high*-Kanten und die Funktionskante negiert sein. Wir zeigen nun, daß sich die Markierung der Funktionskante während des Tausches nicht ändert. (Würde sich die Funktionskantenmarkierung ändern, so hätte dies Auswirkungen auf die oberhalb von x_i liegenden Teile des OKFDDs. Man hätte somit keine lokale Operation mehr.)

Man kann sich hierzu vorstellen, daß Komplemente dadurch temporär gelöscht werden, daß sie zu den Funktionen f_1 bis f_4 "heruntergeschoben" werden. Genauer gesagt werden die in Abschnitt 3.6 vorgestellten Rechenregeln benutzt:

> Ist eine eingehende Kante eines Shannon-Knotens komplementiert, so löscht man dieses Komplement durch Komplementieren beider ausgehender Kanten. Für Davio-Knoten braucht man nur (temporär) $low(v)$ zu komplementieren.

Da vor Beginn des Tausches keine *low*-Kante komplementiert sein kann, wird auf f_1 genau dann ein Komplement geschoben, wenn die Funktionskante komplementiert ist. Nach dem Tausch wird aber analog — um die kanonische Darstellung zu erhalten — genau dann ein Komplement auf die Funktionskante zurückgeschoben, wenn auf f_1 ein Komplement liegt. Zusammengefaßt ergibt sich, daß die Markierung der Funktionskante vor und nach dem Tausch identisch ist.

Alle anderen Markierungen sind problemlos, da sie in konstanter Zeit gesetzt werden können bzw. keine Auswirkungen auf andere Teile des OKFDDs haben. In Abhängigkeit von den Dekompositionstypen kann man leicht Gleichungen für die zu setzenden Markierungen nach dem Tausch angeben. (Die Idee des "Herunterschiebens" der Markierungen diente nur dazu, zu zeigen, daß es sich auch bei OKFDDs mit CEs um eine lokale Operation handelt. Die entsprechende Implementierung braucht dieses Verschieben natürlich nicht durchzuführen. Jedoch erleichtert diese anschauliche Darstellung das Aufstellen von oben genannten Gleichungen.)

Um nun zwei Variablen x_i und x_j in einem OKFDD zu vertauschen, muß man jeden mit x_i markierten Knoten betrachten und eventuell einige Kanten umhängen. Für jeden mit x_i markierten Knoten braucht man also nur konstante Zeit aufzuwenden. Weiterhin ist es wichtig, daß man alle Knoten, die mit der gleichen Variablen x_i markiert sind, effizient traversieren kann. Gebräuchliche Methoden, dies bei der Implementierung eines DD-Paketes zu erreichen, sind entweder die Verwendung von *Levellisten* oder die Unterteilung der *Unique Table*, so daß pro Variable eine eigene Hash-Tabelle angelegt wird.

Die Resultate dieses Abschnittes lassen sich wie folgt zusammenfassen:

Satz 6.2 Ist die Variable x_i in der Variablenordnung direkt vor x_j, und sind alle Knoten aus Level x_i effizient in linearer Zeit traversierbar, dann können diese beiden Variablen in $O(|\text{Level } x_i|)$ vertauscht werden, ohne daß sich die durch das OKFDD repräsentierte Funktion ändert.

Bei word-level DDs müssen weitere "Eigenheiten" betrachtet werden. Bei manchen Typen, wie z.B. MTBDDs, kann man obige Verfahren direkt anwenden. Bei anderen, wie z.B. K*BMDs, kann es passieren, daß das Vertauschen benachbarter Variablen die darüber liegenden Knoten und Gewichte verändert, d.h. der Variablentausch ist keine lokale Operation mehr [65]. Dies muß bei der Implementierung der entsprechenden Algorithmen mit betrachtet werden. Es gibt aber erste Ansätze, die Reduktionsregeln bei word-level DDs einzuschränken, so daß der Variablentausch auch bei diesen Typen lokal bleibt [91].

6.4.2 Exaktes Minimieren

Wir beschränken uns zunächst auf die exakte Minimierung von OBDDs. Die triviale Methode baut für alle möglichen Variablenordnungen das OBDD auf. Man muß sich dabei nur die Größe des kleinsten OBDDs merken. Die Laufzeit des Verfahrens läßt sich durch $O(2^n \cdot n!)$ abschätzen. Es ist in dieser Form schon für kleine n nicht mehr durchführbar.

Im folgenden wird ein alternatives Verfahren angegeben, das es erlaubt, die beste Ordnung zu bestimmen. Das Verfahren hat ebenfalls exponentielle Laufzeit, liegt aber in der Komplexität deutlich unter dem trivialen Ansatz. Ein polynomieller Algorithmus ist nicht zu erwarten, da das Problem der Bestimmung der optimalen Variablensortierung für OBDDs in [27] als NP-hart nachgewiesen wurde.

Mit $BDD(f, \pi)$ wird im folgenden das OBDD zu f bei durch π induzierter Ordnung bezeichnet. Mit $N = \{1, \ldots, n\}$ und $B \subset N$ definieren wir

$$\Pi(B) := \{\pi | \pi(n - j + 1) \in B, j = 1, \ldots, |B|\}.$$

$\Pi(B)$ definiert also die Menge aller Ordnungen, bei denen genau die zu B korrespondierenden Variablen auf den letzten $|B|$ Stellen stehen. Die zu B gehörenden Variablen heißen auch *bottom*-Variablen von $\Pi(B)$. Die zu $N \setminus B$ gehörenden bezeichnet man als *top*-Variablen von $\Pi(B)$.

Das Verfahren basiert im wesentlichen auf dem folgenden Lemma. Sei dazu x_i eine Variable und π eine Permutation, und $N_i(f, \pi)$ bezeichne die Anzahl der Knoten mit Markierung x_i in $BDD(f, \pi)$.

Lemma 6.5 Sei $B \subset N$, $k = n - |B| + 1$ und x_i eine Variable, mit $i \in B$. Dann gibt es eine Konstante c mit:

$$\forall \pi \in \Pi(B) \text{ mit } \pi(k) = i\text{: } N_i(f, \pi) = c$$

Beweis: Betrachte alle verschiedenen Kofaktoren, die zu einer maximal langen Folge von Variablen aus $N \setminus B$ gehören. Diese Zahl ist allein durch f und B eindeutig bestimmt und gleich für alle $\pi \in \Pi(B)$. Einige der Kofaktoren hängen von x_i ab — einige nicht. Die Zahl der verschiedenen Kofaktoren, die von x_i abhängen, ist aber eindeutig bestimmt und entspricht wegen der Reduziertheit der OBDDs der Zahl der Knoten, die mit x_i markiert sind. □

Das Lemma besagt, daß bei fest gewähltem x_i die Variablen über x_i (die Variablen unter x_i) beliebig vertauscht werden können, ohne die Anzahl der Knoten mit Markierung x_i zu verändern. Somit bietet sich folgendes Verfahren zur Bestimmung der besten Ordnung an:

1. Man nimmt rekursiv an, daß optimale Teil-OBDDs für alle Wahlen von B mit $|B| = s - 1$ bekannt sind.

2. Man bestimmt daraus die optimale Größe für Mengen B mit $|B| = s$ folgendermaßen:

   Man betrachtet der Reihe nach alle Variablen x_i in B als oberste *bottom*-Variable. Die optimale Größe für $B' = B \setminus \{i\}$ ist bekannt. Die optimale Größe für B mit x_i als oberste *bottom*-Variable ergibt sich als Summe der Größen für B' plus der Anzahl der Variablen mit Markierung x_i. Die minimale Größe für B erhält man nun durch Vergleich der verschiedenen Möglichkeiten.

Durch dieses Verfahren wird induktiv das optimale OBDD bestimmt. Es müssen für festes s $\binom{n}{s}$ Mengen betrachtet werden. Für jede dieser Mengen müssen s verschiedene oberste *bottom*-Variablen getestet werden.

Der Algorithmus kann durch *Branch and Bound*-Methoden verfeinert werden [93]. Eine genaue Analyse des Algorithmus' in [74] zeigt, daß das Verfahren Zeitkomplexität $O(n^2 \cdot 3^n)$ und Platzkomplexität $O(\frac{3^n}{\sqrt{n}})$ besitzt.

Praktische Erfahrungen zeigen, daß es durch den vorgestellten Algorithmus in der Regel möglich ist, optimale Ordnungen für Funktionen mit bis zu 16 Variablen zu berechnen.

Obiger Algorithmus kann problemlos auf OKFDDs mit fest gewählter DTL erweitert werden, denn reduzierte OKFDDs mit fest gewählter DTL erfüllen folgende Voraussetzungen:

1. Zwei benachbarte Variablen können effizient vertauscht werden.

2. Die Anzahl der mit x_i markierten Knoten ändert sich nicht, wenn man Variablen im über x_i liegenden Teil oder im unter x_i liegenden Teil vertauscht (vgl. Satz 6.2 und Abbildung 6.4).

Man erhält somit:

Satz 6.3 Für feste DTL d kann ein OKFDD minimaler Größe, d.h. eine optimale Variablenordnung, für ein gegebenes OKFDD (mit DTL d) für die Funktion $f \in \mathbf{B}_n$ mit einem Algorithmus mit Zeitkomplexität $O(n^2 \cdot 3^n)$ und Platzkomplexität $O(\frac{3^n}{\sqrt{n}})$ berechnet werden.

Hierbei übertragen sich die Komplexitätsbetrachtungen direkt aus [74].

Da der exakte Minimierungsalgorithmus exponentielles Verhalten in der Anzahl der Variablen besitzt, ist er nur auf kleine Boolesche Funktionen anwendbar. Experimente (siehe Kapitel 8) haben gezeigt, daß wie bei OBDDs der Algorithmus für OKFDDs mit bis zu $n = 16$ Variablen — mit vertretbarem Zeitaufwand — anwendbar ist. Betrachtet man noch dazu alle 3^n DTLs, so ist das Minimierungsverfahren nur bis $n = 8$ Variablen praktikabel.

6.4.3 Heuristisches Minimieren

Oftmals werden jedoch Funktionen mit einigen hundert Variablen betrachtet, so daß man in solchen Fällen auf heuristische Lösungen angewiesen ist. Dabei haben sich zwei prinzipielle Vorgehensweisen herausgebildet:

Anwendungsorientierte Variablensortierung (AVS): Ausgehend von gegebenen Informationen zu dem betrachteten Problem wird eine Ordnung festgelegt. Diese Informationen können z.B. in Form von Zusatzinformationen über den Schaltkreis vorliegen, zu dem ein DD aufgebaut werden soll.

Dynamische Variablensortierung (DVS): Es wird mit einer Anfangsordnung begonnen, das DD aufzubauen. Wenn sich diese während der Aufbauphase als zu schlecht erweist, wird eine Umsortierung vorgenommen.

Die Qualität der jeweiligen Variablensortierung wird meist anhand von Benchmark-Schaltkreisen verifiziert. Betrachtet man z.B. 35 der IWLS'91 Benchmarks [181], so ergibt sich, daß durch zufällige Wahl von Ordnungen OBDDs zu 23 der 35 Schaltungen nicht aufgebaut werden können [138]. Betrachtet man AVS, so gibt es weiterhin 11 Schaltkreise, zu denen keine OBDDs konstruiert werden können. Läßt man auch DVS zu, so bleiben lediglich zwei Schaltkreise übrig, für die das OBDD nicht konstruiert werden kann.

Im folgenden werden die wesentlichen Konzepte sowohl für AVS- als auch DVS-Methoden kurz vorgestellt. Weiterhin werden für DD-Typen, die mehr als einen Zerlegungstyp zulassen, Methoden vorgestellt, wie man auch die DTL dynamisch wählen kann.

Anwendungsorientierte Methoden

AVS-Methoden wurden bisher in erster Linie für OBDDs untersucht. Im folgenden werden diese Methoden kurz angegeben und erste Erweiterungen für OKFDDs erwähnt. Bei word-level DDs hat man zusätzlich die Möglichkeit, die auf "Hochsprachenebene" (vgl. VHDL) zur Verfügung stehenden Informationen zu verwenden. Erste Ansätze dazu finden sich in [46]. Im folgenden konzentrieren wir uns jedoch auf Heuristiken für bit-level DDs, deren Ziel es ist, zu einem gegebenen kombinatorischen Schaltkreis das DD unter Ausnutzung von strukturellen Eigenschaften aufzubauen.

Wenn zu einem Schaltkreis ein OBDD aufgebaut werden soll, so kann man die Eigenschaften des Schaltkreises ausnutzen. Betrachtet man z.B baumartige Schaltkreise, d.h. Schaltkreise ohne *fanout*, die nur aus Grundgattern (AND, OR, NOR, NAND) bestehen, so erhält man direkt das optimale OBDD:

Satz 6.4 Für baumartige Schaltkreise gibt es OBDD-Repräsentationen, die pro Eingang genau einen Knoten besitzen.

Beweis: Der Beweis erfolgt durch Induktion. Besitzt der Schaltkreis nur einen Eingang, so hat das zugehörige OBDD nur einen Knoten.

Man betrachtet zwei baumartige Schaltkreise, die gemäß der Induktionsvoraussetzung gegeben sind. Die zugehörigen OBDDs seien G_1 und G_2. Da der Schaltkreis nur aus Grundgattern besteht, kann man oBdA annehmen, daß die Schaltkreise durch ein AND-Gatter verknüpft werden. Man hängt dann einfach den Wurzelknoten des OBDDs G_2 an den 1-Knoten des OBDDs G_1. Somit wird in dem entstehenden OBDD genau der 1-Knoten erreicht, wenn beide vorherigen OBDDs den Wert 1 berechnet hätten. Das Aneinanderhängen der OBDDs ist unproblematisch, da sie keine gemeinsamen Variablen besitzen.

Für alle anderen Grundgatter verfährt man analog. □

Eine optimale Reihenfolge für baumartige Schaltkreise erhält man also z.B., wenn man einen DFS-Algorithmus vom Ausgang aus startet und die Eingänge in der durch die *Completion Number* [114] gegebenen Reihenfolge anordnet.

Schon wenn man EXOR-Gatter als Grundgatter bei baumartigen Schaltkreisen zuläßt, stimmt obiger Satz nicht mehr ohne weiteres, und eine Analyse der optimalen Ordnung wird wesentlich komplizierter [64, 147].

Trotzdem wird die sich aus obigem Satz naheliegende Methode, grob gesehen, bei allen topologiebasierten Heuristiken angewandt. Es stellt sich allerdings die Frage, wie an einem Gatter des Schaltkreises der DFS-Algorithmus gesteuert wird, da es bei (allgemeinen) Schaltkreisen wegen Rekonvergenzen nicht egal ist, in welcher Reihenfolge man die Gatter abarbeitet. Gemäß dieser Wahl unterscheiden sich die verschiedenen Algorithmen.

Ein Konzept, das Hinweise zur Anordnung der ausgehenden Kanten gibt, wird im folgenden vorgestellt.

Das OBDD für baumartige Schaltkreise ist bei guter Wahl der Variablenreihenfolge klein, da der Informationsfluß von einem Unterbaum in einem Bit kodiert werden kann.

Basierend auf obigen Beobachtungen werden nun einige Heuristiken vorgestellt, die auf Funktionen mit einem Ausgang anwendbar sind:

1. **Zweistufige Darstellung** [78, 64]

   Man sucht in einer zweistufigen Darstellung die Variable, die am häufigsten benutzt wird. Dadurch werden in den Kofaktoren möglichst viele Summanden vereinfacht. (Diese Heuristik sollte nur auf minimierte Darstellungen angewandt werden, da sonst Variablen sehr häufig auftreten können, die kaum Relevanz für die Funktion besitzen.)

2. *Mehrstufige Darstellung*

   Die folgenden Verfahren nutzen alle die topologischen Eigenschaften des betrachteten Schaltkreises durch einen DFS-Algorithmus aus.

   Fujita et al [77]: Die Variablen mit Fanout werden möglichst weit oben plaziert. Dazu werden die Eingangssignale eines Knotens in drei Klassen eingeteilt:

   (a) Leitungen an Eingängen mit Fanout

(b) Interne Leitungen

(c) Leitungen an Eingängen ohne Fanout

Die Eingänge aus (a) werden direkt in die Ordnung eingefügt. Die Eingänge aus (c) werden zurückgestellt, bis die Bearbeitung des Knotens beendet ist. Leitungen aus (b) werden rekursiv abgearbeitet.

Malik et al [110]: Der DFS-Algorithmus wird folgendermaßen gesteuert: Es werden pro eingehender Leitung die darüberliegenden Schaltkreise angeschaut und deren Tiefe berechnet. Die eingehenden Kanten werden absteigend in der Tiefe sortiert und nacheinander betrachtet. Variablen, die den größten Abstand zu einem Ausgang haben, haben auch den größten Einfluß.

Minato et al [120]: Die Heuristik weist dem Ausgang den Wert 1 zu. Die Eingänge eines Gatters erhalten das Gewicht des Ausgangs des Gatters zugewiesen geteilt durch die Anzahl der Eingänge. An Fanouts werden die Gewichte der Zweige addiert. Somit werden allen Leitungen im Schaltkreis Gewichte zugewiesen. Der Eingang mit dem stärksten Gewicht wird an die erste Stelle gesetzt und aus dem Schaltkreis entfernt. Anschließend werden die Gewichte für den vereinfachten Schaltkreis neu berechnet. Dieses Verfahren wird iteriert, bis keine Eingänge mehr übrig bleiben.

Alle Heuristiken sind schnell durchführbar. Es gibt bisher keine Heuristik, die sich als überlegen herausgestellt hat, da jede für bestimmte Schaltkreise gute Ergebnisse liefert. Wünschenswert wäre daher ein Verfahren, das die Qualität einer Heuristik bei gegebenem Beispiel abschätzt. Ein Ansatz in diese Richtung wird von Mercer et al. in [137] gegeben. Dabei beginnt man mit dem Aufbau der OBDDs nach verschiedenen Heuristiken. Wird eine zuvor festgelegte Knotenzahl überschritten, so wird berechnet, wieviel von der zu realisierenden Funktion schon umgesetzt wurde. Daraus läßt sich eine Tendenz herleiten, welche der Heuristiken für das Beispiel die besten Resultate liefert.

Bei Funktionen mit mehreren Ausgängen sind im wesentlichen zwei Strategien zur Berechnung einer gemeinsamen Ordnung unterschieden worden:

1. Wähle eine Ordnung der Variablen für den wichtigsten Ausgang und *hänge* fehlende Variablen durch Betrachtung der übrigen Ausgänge sukzessive an diese Ordnung *an*.

2. Wähle für jeden Ausgang eine eigene Ordnung und *vermische* die Ordnung auf "möglichst günstige" Weise.

Unabhängig von der Strategie werden zunächst die Ausgänge in ihrer Priorität geordnet. Dabei wird versucht, Ausgänge, über denen komplexere Logik liegt, stärker zu gewichten. Dies geschieht, analog zur Steuerung der DFS bei den oben skizzierten Verfahren für Funktionen mit einem Ausgang, durch Berücksichtigung der Tiefe [110], der Zahl der Eingänge, die einen Ausgang beeinflussen, oder der Größe des Schaltkreises, der über einem Ausgang liegt [77]. Sind die Ausgänge angeordnet, dann ist die Anwendung der durch 1. gegebenen Strategie naheliegend. Doch es hat sich durch Experimente gezeigt, daß oft nicht zufriedenstellende Resultate erzielt werden, insbesondere wenn man die zweite Strategie, das sogenannte *Interleaving*, zum Vergleich heranzieht [76]. Hier wird angestrebt, eine bisher nicht angeordnete Variable x nicht hinten anzufügen, sondern möglichst dort einzufügen, wo bereits Variablen stehen, die (nach der betrachteten Heuristik) nahe bei x stehen sollten. Aufgrund der überlegenen experimentellen Ergebnisse wird diese Strategie heute häufig zur Bestimmung einer AVS bei Funktionen mit mehreren Ausgängen angewendet (siehe auch Abschnitt 8.2.2).

Für OKFDDs wurden in [64] erste Heuristiken für zwei- und mehrstufige Schaltungen vorgestellt, die versuchen, obige Konzepte auf OKFDDs zu übertragen.

Dynamische Methoden

Das Vertauschen benachbarter Variablen ist die Basisoperation der Verfahren zum dynamischen Auffinden einer guten Variablensortierung. Da Vertauschen von Variablen bei OKFDDs analog zu OBDDs möglich ist, können auch die für OBDDs bekannten Verfahren zur dynamischen Variablensortierung als Grundlage für OKFDDs benutzt werden. Analog sind die Verfahren auf word-level DDs anwendbar.

Insbesondere bieten sich hier der *Window Permutation*-Algorithmus und der *Sifting*-Algorithmus an [78, 93, 138].

Window Permutation Die einfachste Idee des dynamischen Variablensortierens ist — ausgehend von der Basisoperation — die Vertauschung zweier benachbarter Variablen. Wird die Größe durch die Vertauschung reduziert, so geht man

```
window_permutation_okfdd (F, m) {
  do{
    Berechne für alle Blöcke von m Variablen
      die Knotenanzahl, um die das DD mittels einer Permutation
      dieser Variablen maximal reduziert werden kann;
    Permutiere den Block von m Variablen mit größter Reduktion;
  } while (Reduktion möglich);
}
```

Abbildung 6.5: *Window Permutation*-Algorithmus

zur nächsten Variablen über. Ansonsten stellt man die ursprüngliche Ordnung wieder her und bearbeitet dann die nächste Variable.

Ein Nachteil eines Verfahrens, das nur das Vertauschen zweier benachbarter Variablen betrachtet, ist, daß es aufgrund lokaler Minima daran gehindert werden kann, gute Lösungen zu finden. Um dies zu verhindern, werden beim *Window Permutation*-Algorithmus alle Vertauschungen von m benachbarten Variablen betrachtet $(m > 2)$[2]. Wählt man $m = n$, so erhält man das triviale exakte Verfahren.

Hierzu konstruiert man einen auf Transpositionen basierenden zyklischen Austausch von Variablen, der alle Permutationen von m Variablen erzeugt.

Für $m = 3$ kann die folgende Sequenz gewählt werden:

$$abc \rightarrow bac \rightarrow bca \rightarrow cba \rightarrow cab \rightarrow acb.$$

Dieses Konzept kann auf beliebig große m ausgedehnt werden [136].

Der *Window Permutation*-Algorithmus in *Pseudo-Code* ist in Abbildung 6.5 zu sehen. Die Idee des Algorithmus' ist es, für jeweils m benachbarte Variablen zu berechnen, um wieviele Knoten man durch eine geeignete Permutation dieser Variablen das OKFDD reduzieren kann. Hat ein OKFDD n Variablen, so werden $n - m + 1$ Blöcke der Größe m betrachtet. Der Algorithmus führt in dem Block, der die größte Reduktion erzeugt, die Permutation durch. Dies wird solange wiederholt, bis durch eine Permutation von m Variablen das OKFDD nicht mehr reduziert werden kann.

[2] Je größer m gewählt wird, desto höher sind die Kosten für das Verfahren, aber die Resultate sind oftmals wesentlich besser.

Man beachte hierbei, daß nur Reduktionen von Blöcken von jeweils m Variablen neu zu berechnen sind, in denen sich wenigstens eine Variable befindet, die durch die aktuelle Permutation vertauscht wurde.

Natürlich findet dieser Algorithmus im allgemeinen nicht die optimale Lösung. Experimentelle Ergebnisse haben jedoch gezeigt, daß dieses Verfahren den AVS-basierten Verfahren meist überlegen ist (siehe Kapitel 8).

Sifting Der klassische *Sifting*-Algorithmus für OBDDs [138] sortiert zunächst die Variablen nach absteigender Levelgröße. Danach tauscht der Algorithmus die erste Variable (die mit größter Levelgröße) an diejenige Position, bei der die Größe des OBDDs (lokal) minimal wird, wobei die Ordnung der anderen Variablen nicht verändert wird. Dieser Schritt wird dann für alle weiteren Variablen wiederholt.

Dieser Algorithmus kann direkt auf OKFDDs (mit beliebigen DTLs) angewendet werden. Allerdings wird somit nur die Variablenordnung verändert — nicht aber die DTL. Da dies die Mächtigkeit von OKFDDs nicht voll ausschöpft, wird im folgenden eine Methode angegeben, wie der "OBDD-*Sifting*-Algorithmus" auf OKFDDs erweitert werden kann[3]:

Die Variablen werden zu Beginn gemäß der Levelgröße sortiert. Die erste Variable wird dann für ihren aktuellen Dekompositionstyp über den Graphen geschoben. Ist die (lokal) optimale Position ermittelt, wird der Dekompositiontyp gewechselt. Dies geschieht entweder durch Ausführung einer EXOR-Operation oder kann in die Variablenumordnung integriert werden, indem der Tausch im untersten Level vorgenommen wird [60]. Dann wird wieder ein *Sifting* für diese Variable durchgeführt. Anschließend wiederholt sich der Prozeß für den verbleibenden Dekompositionstyp. Nachdem alle drei Typen betrachtet wurden, wird das (lokal) optimale Ergebnis über allen drei Dekompositionstypen ausgewählt und zur nächsten Variablen übergegangen. Diese Methode wird im folgenden als *DTL-Sifting*-Algorithmus bezeichnet.

Man erhält somit eine *Sifting*-Methode, die sich von dem für OBDDs verwendeten Algorithmus empirisch in der Laufzeit nur um einen konstanten Faktor

[3]Hierzu wird der *Sifting*-Algorithmus so modifiziert, daß zu jeder Variablen x_i nicht nur die Position in der Variablenordnung, sondern zusätzlich auch der Dekompositionstyp geändert wird. Die Methodik ist aber die gleiche wie bei dem "klassischen" *Sifting*-Algorithmus.

unterscheidet, da nun statt *einer* Zerlegung *drei* betrachtet werden müssen. Experimente haben sogar gezeigt, daß der Mehraufwand beim *DTL-Sifting* durch die zusätzliche Größenreduktion bei OKFDDs gegenüber OBDDs die Kosten weiter kompensiert (siehe Kapitel 8).

Das heuristische Minimierungsverfahren kann man nun wie folgt zusammenfassen: Zunächst wird ein OKFDD mit einer heuristisch bestimmten (z.B. mittels der Schaltkreisbeschreibung) oder zufälligen Ordnung aufgebaut. Wenn das OKFDD während des Aufbaus eine gewisse Größe überschreitet, wird versucht, eine neue günstigere Darstellung durch *DTL-Sifting* zu erhalten.

Da der *(DTL-)Sifting*-Algorithmus unter Umständen sehr zeitaufwendig ist, wurde die Methode durch das Verwenden von unteren und oberen Schranken modifiziert: Man kann das maximale Wachstum eines OKFDDs während des *Siftings* begrenzen und außerdem auch eine untere Schranke angeben, bei deren Erreichen das Verfahren mit Erfolg abbrechen soll.

Die Sifting-Methoden können weiter verfeinert werden, indem strukturelle bzw. funktionale Eigenschaften des DDs bzw. der Funktion, z.B. symmetrische oder fast-symmetrische Variablen, berücksichtigt werden [121, 124, 123, 116].

Für word-level DDs wurden obige (für bit-level DDs entwickelten Verfahren) ebenso angewandt [67]. Bisher sind analog zu den AVS-Methoden keine word-level spezifischen dynamischen Methoden vorgestellt worden.

In Kapitel 8 werden die unterschiedlichen Verfahren für die einzelnen DD-Typen experimentell gegenübergestellt.

6.5 Aufgaben

Aufgabe 6.1 Geben Sie einen Algorithmus mit Laufzeit $O(n \cdot \#(f))$ zur Berechnung von SAT-ALL auf OBDDs an.

Aufgabe 6.2 $*$ Entwerfen Sie Algorithmen zur Berechnung von SAT-ONE und SAT-ALL bei OKFDDs.

Aufgabe 6.3 $*$ Seien f, g Boolesche Funktionen und $*$ ein binärer Operator. Untersuchen Sie die Korrektheit der Gleichung $(f * g)_i^c = f_i^c * g_i^c$ für $c \in \{0, 1, 2\}$.

Aufgabe 6.4 Beweisen Sie Lemma 6.2.

Aufgabe 6.5 $*$ Untersuchen Sie, bei welchen word-level DDs das Vertauschen von Variablen eine lokale Operation ist.

7 Implementierung

7.1 Einleitung

In diesem Kapitel werden Implementierungsdetails eines DD-Paketes diskutiert. Im ersten Abschnitt wird ein einfaches BDD-Paket beschrieben. Es wird der Quellcode in der objekt-orientierten Programmiersprache *C++* angegeben.[1] Anhand dieses Quellcodes sollte es dem interessierten Leser möglich sein, ein DD-Paket weiter zu entwickeln und seinen eigenen Wünschen anzupassen.

Anschließend werden einige technische Details besprochen, die einen tieferen Einblick in die Programmierung eines effizienten DD-Paketes ermöglichen [28, 60, 159].

7.2 Ein einfaches BDD-Paket

Im folgenden wird ein einfaches BDD-Paket beschrieben, mit dem durch Syntheseoperationen OBDDs aufgebaut werden können. Hierbei wird großer Wert auf die Einfachheit der Darstellung gelegt. Daher werden nicht alle in den vorherigen Kapiteln beschriebenen *Features*, wie z.B. Komplementkanten und dynamisches Variablensortieren, unterstützt. (Diese Punkte sind am Ende des Kapitels im Rahmen der Aufgaben selbständig zu erarbeiten.)

Im folgenden wird direkt der *C++*-Code angegeben. Um die Lesbarkeit zu erhöhen, wird der gesamte Code in `Typewriter-Schrift` geschrieben. (Um die Verständlichkeit und die Lesbarkeit weiter zu vereinfachen werden im folgenden alle Variablen und Funktionen als `public` deklariert. Somit können die einzelnen Klassen "ungehindert" aufeinander zugreifen. Eine komplette Implementierung

[1] Für eine Einführung in *C++* verweisen wir z.B. auf [165].

eines DD-Paketes sollte allerdings mehr Rücksicht auf das Klassenkonzept nehmen.)

Wir beginnen mit allgemeinen Designüberlegungen, durch die eine effiziente Speicherausnutzung bzw. eine schnelle Implementierung der benötigten Operationen (siehe auch Kapitel 6) möglich wird.

Knoten: Zur Repräsentation von (BDD-)Knoten führen wir eine Klasse `node` ein. `node` ist der elementare Datentyp unsers BDD-packages, er wird zum Zusammensetzen von BDDs benutzt. Knoten, die dem Benutzer direkt zugänglich sind, werden im folgenden als *Funktionsknoten* bezeichnet. Weitere Details einer möglichen Implementierung werden weiter unten besprochen. (Der Vollständigkeit wegen wiederholen wir an dieser Stelle auch die Beschreibungen der *Unique Table* und der *Computed Table* aus Abschnitt 6.3.1.)

Shared OBDDs: Wenn unterschiedliche Funktionen gleichzeitig dargestellt werden sollen, so kann es passieren, daß die Funktionen gemeinsame Unterfunktionen besitzen. Diese werden dann nur einmal gespeichert. Insbesondere zeigen somit Knoten für äquivalente Funktionen auf den gleichen Wurzelknoten. Deshalb kann der Äquivalenztest bei dieser Realisierung in konstanter Zeit durchgeführt werden.

Unique Table (UT): Da man nur mit reduzierten OBDDs arbeiten möchte, wäre es wünschenswert, daß nicht reduzierte OBDDs erst gar nicht generiert werden. Deshalb muß vor der Generierung eines neuen Knotens zur Darstellung einer Funktion überprüft werden, ob diese Funktion schon realisiert wurde. Eine triviale (aber zeitaufwendige) Methode wäre es, der Reihe nach alle schon existierenden Knoten zu überprüfen. Stattdessen wird ein Datentyp *Wörterbuch* gehalten, in dem alle realisierten Funktionen enthalten sind. Dieses Wörterbuch wird als UT bezeichnet und durch eine *Hash-Tabelle* (HT) realisiert.

Computed Table (CT): Die CT ermöglicht es, Zwischenresultate, etwa das Ergebnis einer bereits durchgeführten *ite*-Berechnung, zu speichern und bei einer erneuten Anfrage schnell zur Verfügung zu stellen. Somit können unnötige Mehrfachberechnungen eingespart werden.

Speicherverwaltung: Durch die Speicherung von Zwischenresultaten, etwa während einer Traversierung eines Schaltkreises, und durch das anschließende "Umhängen" von Zeigern auf Funktionsknoten durch den Benutzer ist es möglich, daß der Speicher mit Werten gefüllt ist, die nicht mehr benötigt werden. Deshalb wird "bei Bedarf" eine *Garbage Collection* durchgeführt, d.h. die entsprechenden Speicherplätze werden wieder freigegeben.

Um den BDD-spezifischen Kern herauszustellen, treffen wir folgende weiteren Vereinbarungen:

Wir gehen nicht auf die Implementierung einer HT ein (siehe z.B. [114]). Es gibt vielmehr ein *C++*-Template `HashTable`, das die folgenden *member*-Funktionen einer Klasse zur Verfügung stellt:

```
template <class Type>
class HashTable
{
  public:

   HashTable(unsigned size) ;
   ~HashTable();

   void  add(element);
   Type* find(element);
};
```

Wir werden diese Klasse zur Implementierung von UT und CT benutzen. Desweiteren verzichten wir zunächst auf *Garbage Collection*, d.h. es werden nur Knoten angelegt (siehe auch Aufgabe 7.1). Falls eine Speicherfreigabe ermöglicht werden soll, so muß auch noch die Freigabe eines Elementes durch eine *member*-Funktion

```
   void  delete(element);
```

berücksichtigt werden.

Wir gehen nun etwas näher auf die Realisierung der Klasse `node` ein. Ein einzelner (nicht-terminaler) Knoten in einem OBDD kann auf einem 32-Bit Computer durch vier Maschinenworte verwaltet werden.

Dabei wird in den beiden höherwertigen Bytes des ersten Wortes ein Referenzzähler *ref* eingetragen, dessen Inhalt angibt, wie oft dieser Knoten momentan verwendet wird. (Da wir wie oben angedeutet, zunächst auf *Garbage Collection* verzichten, wird auch der Referenzzählers *ref* in diesem Abschnitt nicht verwendet. Auf eine mögliche Implementierung gehen wir im Abschnitt 7.3 kurz ein.) In den beiden niederwertigen Bytes des ersten Wortes wird, falls der Knoten mit der Variablen x_i markiert sein soll, der Index i abgelegt. Das zweite bzw. dritte Wort dient der Verwaltung des Zeigers auf den Knoten, der die Funktion f_{high} bzw. f_{low} beschreibt. Im letzten Wort befindet sich bei vielen Implementierungen ein Zeiger *next*, der zur Konstruktion einer verketteten *Hash*-Liste (bei Eintrageungen unter derselben *Hash*-Adresse) benutzt werden kann.

Die obige Beschreibung wird noch einmal an folgendem Bild veranschaulicht:

<table>
<tr><td>ref</td><td>Index</td></tr>
<tr><td colspan="2">f_{high}-Zeiger</td></tr>
<tr><td colspan="2">f_{low}-Zeiger</td></tr>
<tr><td colspan="2">next</td></tr>
</table>

(Da die Organisation der HT durch die Klasse `HashTable` übernommen wird, können wir annehmen, daß auch der Zeiger *next* durch die entsprechenden *Member*-Funktionen gesetzt wird. Daher wird der Zeiger *next* im folgenden nicht weiter erwähnt.)

Wir führen folgende Notationen mit `define`-Befehlen ein, um die Lesbarkeit des Programmcodes zu vereinfachen.

Zur Berechnung der *Hash*-Adresse eines Knotens wird die Speicheradresse verwendet, d.h. die Adresse wird als `long` interpretiert und wie folgt direkt als *Hash*-Schlüssel benutzt:

```
#define hashKeyType long
#define _HASH_KEY(p) ((hashKeyType)p)
```

Es werden Vergleichsoperatoren für Zeiger eingeführt und ein Minimumsoperator (der häufig auch in mathematischen Bibliotheken schon enthalten ist):

```
#define _pointer(p)                ((long)p)
#define _equal_ptr(p0,p1)          (_pointer(p0)==_pointer(p1))
#define _less_ptr(p0,p1)           (_pointer(p0)<_pointer(p1))
#define _greater_ptr(p0,p1)        (_pointer(p0)>_pointer(p1))
#define _less_equal_ptr(p0,p1) (_pointer(p0)<=_pointer(p1))
#define min(a,b)                   ((a)<=(b) ? (a) : (b))
```

Wir definieren nun die *C++*-Klasse `node`, die zur Verwaltung eines Knotens im OBDD dient. Ein Zeiger auf ein Element der Klasse wird als `node_ptr` bezeichnet und ist gegeben durch:

```
typedef node* node_ptr ;
```

Die Terminalknoten 0 und 1 werden als spezielle `node_ptr` definiert:

```
#define ZERO ((node_ptr)0)
#define ONE ((node_ptr)1)
```

Die Klasse `node` wird dann beschrieben durch:

```
class node
{
 public:
  unsigned v ;          // F = (v,G,H) <=> F = (v==0)*G || (v==1)*H
  node_ptr G,H ;
  node(unsigned vi,node_ptr g,node_ptr h) : v(vi), G(g), H(h) { }

  hashKeyType HashKey() {
    return (v + _HASH_KEY(G) + _HASH_KEY(H)) ;
  }

  int operator == (node& R) {
    return (R.v == v && _equal_ptr(R.G,G) && _equal_ptr(R.H,H)) ;
  }
} ;
```

Um die Verwendung einfach zu halten (und weitere *member*-Funktionen einzusparen) werden alle Variablen und Funktionen als `public` deklariert. Pro Knoten wird eine Variable `v` benötigt, die den Index des Knotens enthält. Weiterhin werden zwei Zeiger G und H zur Speicherung der Funktionen f_{low} und f_{high} verwendet.

Als *member*-Funktionen werden nur der Konstruktor `node` (der Destruktor ~`node` ist hier aus Platzeinsparung weggelassen), die Funktion `HashKey()`, die die *Hash*-Adresse zurückliefert, und eine Überladung des `==`-Operators benötigt.

Bevor wir nun die Klasse `BDD` selbst einführen, wird noch eine Klasse `computed_function` definiert, die die Aufgaben der CT übernimmt.

```
class computed_function
{
 public:
  node_ptr R ;          // R = ite(F,G,H)
  node_ptr F, G, H ;

  computed_function(node_ptr f,node_ptr g,node_ptr h,node_ptr r)
                  : F(f), G(g), H(h), R(r) { }

  computed_function(node_ptr f,node_ptr g,node_ptr h)
                  : F(f), G(g), H(h), R(NULL) { }

  hashKeyType HashKey() {
    return  (_HASH_KEY(F) + _HASH_KEY(G) + _HASH_KEY(H)) ;
  }

  int operator == (computed_function& R) {
    return _equal_ptr(R.F,F)
           && _equal_ptr(R.G,G)
              && _equal_ptr(R.H,H) ;
  }
} ;
```

`R` ist der Rückgabewert, der sich aus `F`, `G` und `H` durch `ite` berechnet.

Der Konstruktor `computed_function` existiert in zwei Versionen, einmal mit Parameter `r` und einmal ohne. (Dies ergibt sich aus dem später folgenden Programmcode.) Die Funktionsweise der *member*-Funktionen `HashKey()` und die Überladung des ==-Opertors sind analog zur Klasse `node`.

Im folgenden wird nun die Klasse `BDD` beschrieben. Da diese (im Gegensatz zu den obigen beiden Klassen) mehrere nicht-triviale *member*-Funktionen enthält, werden diese direkt im Anschluß an die jeweilige Routine beschrieben.

```
class BDD {
 protected:
  HashTable<node> unique_table ;
  HashTable<computed_function> computed_table ;
  unsigned  no_of_var ;
```

Als interne Variablen der Klasse werden eine UT `unique_table` und eine CT `computed_table` verwaltet. Ebenso wird die Anzahl der Variablen in `no_of_var` gespeichert.

```
 public:
  BDD(unsigned size) : unique_table(size), computed_table(size) {
    no_of_var = 0 ;
  }
```

Der Konstruktor legt eine UT und eine CT der Größe `size` an. Die Anzahl der Variablen wird initial auf den Wert 0 gesetzt.

Die folgenden zwei *member*-Funktionen werden als Hilfsroutinen benötigt:

```
  unsigned get_no_of_var() { return no_of_var ; }

  unsigned min_var(node_ptr F,node_ptr G,node_ptr H) {
   unsigned v = _greater_ptr(F, ONE) ? F->v : (unsigned)(-1) ;
   v = min(v,_greater_ptr(G, ONE) ? G->v : (unsigned)(-1)) ;
   v = min(v,_greater_ptr(H, ONE) ? H->v : (unsigned)(-1)) ;

   return v ;
  }
```

Die Funktion `get_no_of_var()` liefert die Anzahl der Variablen zurück, die bisher durch die Funktion `variable` (siehe unten) angelegt wurden. `min_var (F,G,H)` liefert die Variable mit dem kleinsten Index zurück. Dabei wird die Variable `v` als Hilfsvariable eingesetzt, mit der in jeder Zeile verglichen wird. Durch den `_greater_ptr`-Vergleich wird sichergestellt, daß für Terminalknoten ∞ (hier repräsentiert durch "alle Bits 1") berechnet wird. Damit ist sichergestellt, daß der nicht-terminale Knoten mit minimalem Index den Rückgabewert der Funktion liefert. (Bei allen späteren Aufrufen wird vorher sichergestellt, daß ein nichttrivialer minimaler Index existiert.) Die Funktion `min_var` wird bei der Funktion `ITE` im folgenden benötigt, um vor einem rekursiven Aufruf die Variable mit dem kleineren Index zu finden (siehe auch Abschnitt 6.3.1).

Als nächstes wird die `cofactor`-Funktion behandelt. Diese ist als Unterfunktion der `ITE`-Funktion zu sehen.

```
void cofactor(unsigned v,node_ptr F,
              node_ptr& Fv0,node_ptr& Fv1) {
  if (_less_equal_ptr(F,ONE))
    Fv0 = Fv1 = F ;
  else {
    if (v<F->v)  // F unabhaengig von v
      Fv0 = Fv1 = F ;
    else {  // > kommt in den betrachteten Faellen nicht vor
      Fv0 = F->G;
      Fv1 = F->H;
    }
  }
}
```

Zu Beginn wird durch `_less_equal_ptr(F,ONE)` getestet, ob es sich um einen Terminalknoten handelt. Wenn dies der Fall oder wenn `F` unabhängig von `v` ist, werden als Kofaktoren die identischen Werte zurückgeliefert. Ansonsten werden die Nachfolger des Knotens `F`, `F->G` und `F->H`, zurückgeliefert.

Als nächstes wird die `ITE`-Funktion beschrieben. Der Algorithmus ist analog zu dem in Abschnitt 6.3.1 angegebenen und wird hier in seiner *C++*-Implementierung skizziert.

```
node_ptr ITE(node_ptr F,node_ptr G,node_ptr H) {
  if (_equal_ptr(F,ONE)) return G ;           // Terminalfaelle
  if (_equal_ptr(F,ZERO)) return H ;
```

```
    if (_equal_ptr(G,ONE) && _equal_ptr(H,ZERO)) return F ;

    computed_function* CF =
      computed_table.find(computed_function(F,G,H)) ;
    if (CF != NULL) return CF->R ;

    unsigned v = min_var(F,G,H) ;

    node_ptr Fv0, Gv0, Hv0,
             Fv1, Gv1, Hv1;

    cofactor(v, F, Fv0, Fv1);
    cofactor(v, G, Gv0, Gv1);
    cofactor(v, H, Hv0, Hv1);

    node_ptr C0 = ITE(Fv0, Gv0, Hv0) ;
    node_ptr C1 = ITE(Fv1, Gv1, Hv1) ;

    if (_equal_ptr(C0, C1)) return C1 ;

    node_ptr R = unique_table.find(node(v,C0,C1)) ;
    if (!R) {
      R = new node(v,C0,C1) ;
      unique_table.add(*R) ;
    }

    computed_function* computed_function_ptr =
      new computed_function(F,G,H,R) ;
    computed_table.add(*computed_function_ptr) ;

    return R ;
}
```

Direkt nach dem Aufruf wird getestet, ob ein Terminalfall vorliegt. (Bei der einfachen Implementierung dieses Abschittes werden nur die trivialen Fälle berücksichtigt.) Falls es sich um einen nicht-trivialen Aufruf handelt, wird zunächst in der CT durch den Befehl `computed_table.find(computed_function(F,G,H))` nachgesehen, ob das Resultat schon zuvor berechnet wurde. Ist dies der Fall, so wird der Wert CF zurückgegeben. Ansonsten wird von den Funktionen F, G und H die minimale Variable bestimmt und anschließend für alle Funktionen die Kofaktoren berechnet. Mit diesen werden dann über rekursive ITE-Aufrufe die Werte C0 und C1 berechnet. Sind diese identisch, so heißt dies, daß beide Kofaktoren die selbe Funktion repräsentieren, und es wird der Wert C1 zurückgegeben. Dadurch wird direkt die Reduktion vom Typ S ausgeführt. Diese Vorgehensweise garantiert, daß alle entstehenden OBDDs automatisch reduziert sind. Abschließend wird noch geprüft, ob es zu dem Knoten einen UT-Eintrag gibt. Falls dies nicht der Fall ist, wird der neue Knoten eingetragen. Ebenso wird die CT aktualisiert. Am Ende wird der neu berechnete Wert R zurückgegeben.

Durch die ITE-Funktion ist es nun sehr leicht möglich, alle weiteren binären Syntheseoperationen zu beschreiben. Für den Fall der Operationen AND, OR und NOT sind die Funktionen im folgenden angegeben. (Falls man ein BDD-Paket mit Komplementkanten benutzt, kann die NOT-Funktion auch effizienter umgesetzt werden.)

```
node_ptr AND(node_ptr a,node_ptr b) {
  return ITE(a,b,ZERO) ;
}

node_ptr OR(node_ptr a,node_ptr b) {
  return ITE(a,ONE,b) ;
}

node_ptr NOT(node_ptr a) {
  return ITE(a,ZERO,ONE) ;
}
```

Abschließend wird dem Benutzer noch eine Funktion variable zur Verfügung gestellt, die es erlaubt, Variablen anzulegen.

```
node_ptr variable(unsigned n) {
  no_of_var++ ;

  node_ptr p0 = ZERO ;
  node_ptr p1 = ONE ;
```

```
    node_ptr tmp=new node(n,p0,p1) ;
    unique_table.add(*tmp) ;

    return tmp ;
  }
```

In der ersten Zeile der Funktion wird die Anzahl der Variablen um 1 erhöht. Dann werden zwei Zeiger angelegt, die auf die Terminalknoten ZERO und ONE zeigen. Der neue Knoten mit Variablenindex n wird in die UT eingetragen und anschließend als Funktionswert zurückgegeben.

Dies beendet die Definition der Klasse BDD.

```
} ; // end class BDD
```

Mit der Klasse BDD ist es nun leicht möglich, OBDDs aufzubauen. Dies soll an folgendem kleinen Programm verdeutlicht werden:

```
void main() {
 BDD bdd (100) ;

 node_ptr x0=bdd.variable(0) ;
 node_ptr x1=bdd.variable(1) ;
 node_ptr x2=bdd.variable(2) ;
 node_ptr x3=bdd.NOT(x1) ;
 node_ptr x4=bdd.AND(x0,x2) ;
 node_ptr x5=bdd.OR(x4,x3) ;

 cout << "Number of Variables: " << bdd.get_no_of_var() << "\n" ;
}
```

Hierbei wird zuerst durch den Befehl `BDD bdd (100) ;` ein Element der Klasse BDD angelegt. Die UT und CT werden auf 100 dimensioniert. In den folgenden 3 Zeilen werden 3 Variablen angelegt. Diese werden in den darauf folgenden Zeilen durch Syntheseoperationen miteinander verknüpft. In der letzten Zeile wird die Anzahl der bis dahin angelegten Variablen abgefragt.

Das obige Programm ermöglicht einen schnellen Einstieg in die Programmierung eines BDD-Paketes. Viele Aspekte wurden jedoch wegen der Kürze der Darstellung vernachlässigt. Im folgenden seien nur einige kurz erwähnt:

Speicherverwaltung mit Freigabe: Durch obiges BDD-Paket können geordnete BDDs erzeugt werden. Es ist aber nicht möglich, die nicht mehr benötigten Graphen wieder zu löschen (außer durch ein Programmende). Um dies zu beheben, ist die Erweiterung der Klassen des Paketes um Destruktoren notwendig. Ebenso müssen für die einzelnen Knoten Referenzzähler geführt werden (siehe nächsten Abschnitt).

Parameterkontrolle: Es wird bei allen Funktionen davon ausgegangen, daß die Parameter gültige Werte sind. Um das Paket sicherer zu gestalten, sollten entsprechende Abfragen eingfügt werden.

Variablenordnung: Die Variablen werden in einer festen Reihenfolge angelegt. Es ist nicht möglich, die Variablenordnung von außen zu steuern oder dynamisch zu ändern.

Komplementkanten (CEs): Das Paket benutzt keine CEs (siehe Abschnitt 3.6). Durch CEs könnte die `NOT`-Funktion effizienter gestaltet werden. Für die Speicherung der Markierung wird nur ein Bit benötigt. Da bei den meisten heute eingesetzten Rechenanlagen die Adressierung nur auf geraden Adressen erfolgt, wird die Markierung meist in das niederwertigste Bit der Adresse hinein kodiert. Somit wird durch die Verwendung von CE kein zusätzlicher Speicher benötigt [28, 60].

Darüber hinaus sind noch viele Erweiterungen denkbar (siehe Aufgaben am Ende des Kapitels), die hier nicht explizit ausgeführt werden sollen. Im folgenden Abschnitt werden exemplarisch einige Punkte zum Thema *Speicherverwaltung* angeführt, die sich bei einer Implementierung gemäß den in [28] vorgeschlagenen Techniken ergeben. Analoge Überlegungen sind für die weiteren obigen Punkte anzustellen. (Der weniger an der Implementierung interessierte Leser kann den kommenden Abschnitt überspringen; der Inhalt ist für das weitere Verständnis nicht grundlegend.)

7.3 Speicherverwaltung

Der Referenzzähler *ref* gibt an, wie häufig ein Knoten im Moment verwendet wird. Das Führen eines solchen Zählers erlaubt es, Knoten nach der Benutzung wieder frei zu geben. Somit wird sichergestellt, daß nicht mehr benötigte Knoten keinen Platz besetzen. Dies erlaubt eine gute Speicherausnutzung. Da die Nutzung des Speicherplatzes das Hauptproblem bei OBDDs darstellt, ist eine solche Behandlung bei einer effizienten Realisierung unerläßlich.

Im folgenden wird genauer auf eine mögliche Speicherverwaltung eines OBDD-Paketes eingegangen. Jeder Knoten verwaltet in der Variablen *ref* die Anzahl der Knoten, die auf ihn zeigen. Diese Zahl beinhaltet auch die Zahl der Funktionsknoten. Die Variable *ref* wird jeweils dynamisch aktualisiert. Für die Variable *ref* werden im Normalfall 16 Bit zur Verfügung gestellt. Ist die maximal darstellbare Zahl erreicht, so wird *ref* eingefroren, d.h. dieser Knoten wird nicht mehr gelöscht und existiert bis zum Programmende.

Wird eine vom Benutzer definierte Funktion freigegeben, so wird *ref* im betreffenden Knoten um 1 reduziert. Falls $ref = 0$ ist, müssen die Variablen *ref* von f_{low} und f_{high} rekursiv aktualisiert werden. Ist $ref = 0$, so darf der Knoten selbst noch nicht gelöscht werden, da eventuell noch ein Eintrag aus der *computed table* auf ihn zeigt.

Wenn für einen Knoten im Shared BDD $ref = 0$ gilt, so wird dieser Knoten als *dead* bezeichnet. Er kann durch eine *reclaim*-Operation wieder aktiviert werden. In diesem Fall müssen auch die Nachfolgeknoten f_{low} und f_{high} rekursiv mit *reclaim* bearbeitet werden.

Falls 10% der Knoten *dead* sind, wird eine *Garbage Collection* durchgeführt, d.h. alle Einträge in der CT, die auf *dead*-Knoten zeigen, werden gelöscht und die betreffenden Knoten freigegeben.

Falls weniger als 10% der Knoten *dead* sind, aber trotzdem Probleme mit dem *Hashing* in der CT auftreten, werden die UT und die CT vergrößert, und es wird ein *Rehashing* durchgeführt. Implizit erfolgt dabei auch eine *Garbage Collection*.

Tritt ein Speicherplatzüberlauf während des Programmlaufes auf, so wird zuerst versucht, das Problem durch *Garbage Collection* zu beseitigen. Andernfalls meldet sich das System, indem es einen *NULL*-Zeiger bei einem *ite*-Aufruf zurückliefert. Es liegt dann am Benutzer, durch Freigabe von Knoten Platz zu schaffen.

Messungen haben ergeben, daß bei dieser Organisation im Mittel 3% der Zeit für *Garbage Collection* und Vergrößern der Tabellen beim Aufbau von OBDDs benötigt wird. 7% benötigen die Freigabe- und Reclaim-Operationen. Somit entfallen insgesamt ca. 10% der Verarbeitungszeit auf die Speicherverwaltung [28].

7.4 Verfügbare Pakete

Wer den (mühsamen aber lehrreichen) Weg scheut, ein DD-Paket selbst zu schreiben, kann auch auf eine große Zahl verfügbarer DD-Pakete zurückgreifen.

Das erste allgemein verfügbare und weithin genutzte OBDD-Paket stammte von Karl Brace *et. al.* [28]. Allerdings unterstützte es keine dynamische Variablensortierung.

Das OBDD-Paket von David Long [109] ermöglicht dynamisches Variablensortieren und ist ein DD-Paket, das mit MTBDDs auch eine *word level*-Variante erlaubt.

Von den Autoren wurde ein OKFDD-Paket vorgestellt [90, 60], das auch die Verwendung von dynamischen Sortiermethoden zuläßt.

Ein sehr komfortabel zu benutzendes BDD-Paket ist inkl. einer *online*-Dokumentation von Fabio Somenzi [159] vorgestellt worden. Das Paket stellt viele der aktuellen Variablensortierungsmethoden zur Verfügung.

Weiterhin sei an dieser Stelle auch das in SIS [154] integrierbare CAL BDD-Paket [134] erwähnt, das statt DFS eine BFS-Variante des *ite*-Operators verwendet.

Den ersten Versuch eines Vergleiches zwischen verschiedenen BDD-Paketen findet man in [153].

Alle beschriebenen Pakete sind inkl. Quell-Code verfügbar und können per *ftp* bezogen werden.

7.5 Aufgaben

Aufgabe 7.1 Erweitern Sie das BDD-Paket aus Abschnitt 7.2 um eine Speicherverwaltung.

Aufgabe 7.2 Erweitern Sie das BDD-Paket aus Abschnitt 7.2 um Komplementkanten.

Aufgabe 7.3 Verändern Sie das BDD-Paket aus Abschnitt 7.2 so, daß es pFDDs erzeugt. Beachten Sie dabei auch die unterschiedlichen Reduktionstypen.

Aufgabe 7.4 Erweitern Sie das BDD-Paket aus Abschnitt 7.2 so, daß es möglich ist, verschiedene Zerlegungen im gleichen Paket zu verwenden.

Aufgabe 7.5 $*$ Erweitern Sie das BDD-Paket aus Abschnitt 7.2 um Routinen zur dynamischen Variablensortierung.

8 Experimentelle Ergebnisse

8.1 Einleitung

Es werden experimentelle Ergebnisse zu den verschiedenen betrachteten DD-Varianten angegeben. Die DDs werden für verschiedene *Benchmark*-Funktionen aufgebaut und deren Kompaktheit bzgl. der Repräsentation gegenübergestellt. Ebenso diskutieren wir die Laufzeiten zur Konstruktion der verschiedenen DD-Typen.

Es zeigt sich, daß es kein in allen Punkten allen anderen DDs überlegenes DD gibt. Darüberhinaus wird deutlich, daß es häufig notwendig ist, sowohl bit- als auch word-level Funktionen mit dem gleichen DD-Paket verwalten zu können.

Die im folgenden betrachteten Beispielschaltkreise sind aus [29, 32, 31, 181] entnommen. Zusätzlich werden noch parametrisierte Schaltkreise betrachtet, die die binäre Multiplikation berechnen.

8.2 Bit-level Decision Diagrams

Alle in den vorangegangenen Abschnitten beschriebenen Verfahren — exakte und heuristische — wurden implementiert und experimentell erprobt. In diesem Abschnitt werden einige Resultate angegeben und kommentiert.

8.2.1 Exakte Minimierung

Der exakte Minimierungsalgorithmus arbeitet für eine fest gewählte DTL. Daher beschränken wir uns zunächst auf zwei Spezialfälle: OBDDs und OpFDDs. Diesen zwei DD-Typen kam auch schon in Kapitel 5 besondere Aufmerksamkeit zu.

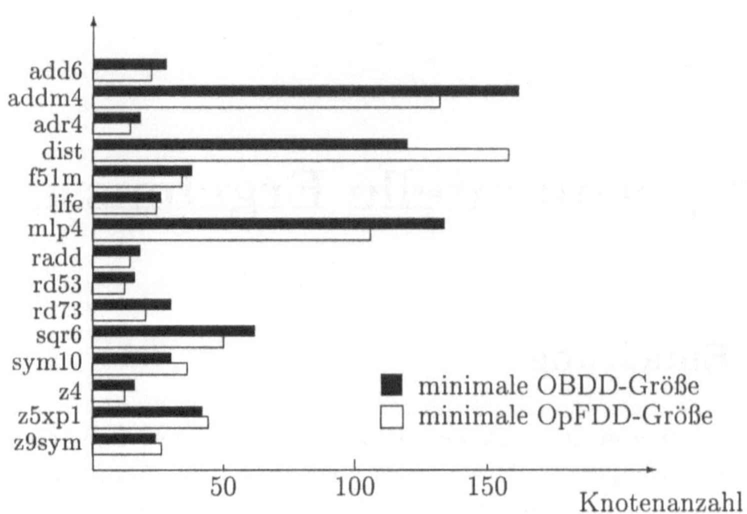

Abbildung 8.1: Minimale Größen von OpFDDs und OBDDs im Vergleich

Die Ergebnisse bzgl. der Knotenzahl sind für einige arithmetische Schaltkreise aus [29] in Abbildung 8.1 angegeben. Allgemein wird angenommen, daß Arithmetikschaltungen sich besonders für eine Repräsentation mit EXORs eignen. Dies bestätigt sich hier in folgendem Sinne: Es zeigt sich, daß für 11 der 15 betrachteten Schaltkreise OpFDDs eine kompaktere Darstellung erlauben. In vielen Bereichen, z.B. bei der FPGA-Synthese [33], werden Schaltungen direkt aus einer Datenstruktur generiert, und die Größe der resultierenden Schaltung ist direkt zur Größe der Datenstruktur korreliert [6, 10, 150, 7, 105, 21, 40]. Bei solchen Anwendungen kann auch schon eine kleine Reduktion des Graphen — gemessen in der Zahl der Knoten — die Problemstellung enorm vereinfachen.

8.2.2 Heuristische Methoden

Im folgenden werden heuristische Methoden für bit-level DDs betrachtet. (Alle Messungen wurden, sofern nicht explizit anders angegeben, auf dem OKFDD-Paket PUMA [60] ausgeführt.) Analog zu Abschnitt 6.4.3 werden zuerst die AVS-Methoden behandelt und anschließend Ergebnisse angegeben, die sich durch Verwendung dynamischer Variablensortierung ergeben.

Name	*in*	*out*	*DFS*	*Weight*	*Interleaving*
C432	36	7	35426	89338	29864
C499	41	32	39877	36862	45865
C880	60	26	15512	30548	6423
C1355	41	32	39877	119201	45865
C1908	33	25	20963	39373	11569
C2670	233	140	-	-	37976
C3540	50	22	201442	-	138911
C5315	178	123	18945	40306	11987
C6288	32	32	-	-	-
C7552	207	108	-	-	33305

Tabelle 8.1: Resultate von AVS-Methoden

AVS-Methoden

Im folgenden werden für die Schaltkreise aus [32] die Verfahren aus Abschnitt 6.4.3 gegenübergestellt. Dabei bezeichnet *DFS* (Weight, *Interleaving*) den Ansatz aus [110] ([120], [76]). Die Resultate sind den Originalartikeln entnommen. Sie wurden auf jeweils unterschiedlichen Rechenanlagen mit unterschiedlich großem Hauptspeicher und verschiedenen Knotenlimits gemessen. Weiterhin unterscheiden sie sich durch kleine Variationen in den Heuristiken. Trotzdem vermitteln sie einen angemessenen Eindruck von der Qualität der einzelnen Verfahren. (Da [110] und [77] zu ähnlichen Resultaten führen, wird der Einfachheit wegen nur eine Methode betrachtet.)

Die Ergebnisse sind in Tabelle 8.1 angegeben. *Name* ist hierbei der Name des entsprechenden Beispielschaltkreises. *in* und *out* gibt die Anzahl der Ein- und Ausgänge des Schaltkreises an. Alle Messungen werden für eine fest gewählte Variablenordnung für alle Ausgänge parallel betrachtet. '-' gibt an, daß der entsprechende Schaltkreis nicht durch das OBDD mit dieser Variablensortierung aufgebaut werden konnte. Es zeigt sich, daß *Interleaving* im Mittel die besten Resultate liefert. Nur der Schaltkreis C6288, der eine binäre Multiplikation berechnet, kann durch keine Heuristik bewältigt werden.

Name	$Size_{min}$	$m = 2$	$m = 3$	$m = 4$	*Sift*
add6	23	58	59	57	45
addm4	132	133	132	132	132
adr4	15	15	15	15	15
dist	159	172	172	171	159
f51m	35	35	35	35	35
life	24	38	25	25	25
mlp4	107	107	107	107	107
radd	15	27	27	26	20
rd53	13	13	13	13	13
rd73	21	21	21	21	21
sqr6	50	50	50	50	50
sym10	36	36	36	36	36
z4	13	13	13	13	13
z5xp1	45	45	45	45	45
z9sym	26	26	26	26	26

Tabelle 8.2: OpFDD-Größen

DVS-Methoden

Die besten Ergebnisse für die Wahl guter Variablensortierungen — gemessen in der Anzahl der Knoten — ohne Berücksichtigung der Laufzeit, konnten durch dynamische Verfahren erzielt werden.

Zunächst werden die verschiedenen in Abschnitt 6.4.3 vorgestellten Verfahren für eine feste DTL betrachtet. Hier wird oBdA die DTL so gewählt, daß sie nur aus pD-Knoten besteht, d.h. das entstehende DD ist ein OpFDD. (Analoge Resultate wurden auch für andere DTLs beobachtet.)

Hierzu werden anhand von kleineren *Benchmark*-Schaltkreisen die Ergebnisse des *Sifting*-Algorithmus' und für *Window Permutation* (für $m \in \{2, 3, 4\}$) den exakten Lösungen gegenübergestellt (siehe Tabelle 8.2).

Der *Sifting*-Algorithmus liefert bei diesen Beispielen niemals schlechtere Ergebnisse als *Window Permutation*. Wir wenden deshalb *Sifting* nun auch auf größere Schaltkreise an. Dabei wird wie folgt verfahren: Man startet mit der initialen

Name	*OBDD*	*OpFDD*
s27	9	9
s298	86	71
s344	103	115
s349	103	115
s382	121	122
s1196	631	734
s1423	2725	2044
s1488	385	386
s1494	385	386

Tabelle 8.3: Größenvergleich von OBDDs und OpFDDs

Ordnung (d.h. der in der Schaltkreisbeschreibung verwendeten) und einem Knotenlimit von 70.000 Knoten. Die dynamische Umsortierung wird durchgeführt, sobald keine weiteren Knoten mehr zur Verfügung stehen. Die Resultate im Vergleich zu OBDDs, die durch *Sifting* konstruiert wurden, sind in Abbildung 8.3 zu sehen. Beide DDs liegen oft in der gleichen Größenordnung.

Hierbei sei nochmals bemerkt, daß es sehr stark von der jeweiligen Anwendung abhängt, wie stark man eine Differenz von z.B. 10% zu bewerten hat. Bei Anwendungen, die DDs nur als kanonische Repräsentation einer Funktion verwenden, um Äquivalenz zu überprüfen, ist diese Differenz meist vernachlässigbar. Möchte man jedoch aus dem DD eine Schaltung synthetisieren, so kann schon die Einsparung einiger Knoten das Resultat enorm verbessern. (In Kapitel 9 wird noch detaillierter auf unterschiedliche Anwendungen eingegangen.)

Für OFDDs wurden von Schubert/Kebschull/Rosenstiel (SKR) in [151] Heuristiken vorgestellt. Die besten dort erzielten Ergebnisse im Vergleich mit dem *Sifting*-Algorithmus sind in Tabelle 8.4 angegeben. Mittels dynamischem Variablensortieren können also die bisher bekannten Resultate signifikant verbessert werden.

Bei OFDDs ist für die großen Schaltkreise aus [32] keine effiziente Repräsentation bekannt (siehe nächsten Abschnitt). Daher werden wir uns im folgenden auf die Betrachtung von OBDDs und OKFDDs beschränken.

Die bisher entwickelten Methoden werden nun benutzt, um OBDDs und

Name	*SKR*	*Sift*
b12	292	61
cordic	233	41
cps	4922	1293
ex5	901	272
rd53	34	13
rd73	64	21
rd84	86	29
sao2	154	98
t481	54	20
vg2	1912	245
Z5xp1	54	45
Z9sym	40	20

Tabelle 8.4: Vergleich mit SKR

OKFDDs für große Funktionen aufzubauen, d.h. für Funktionen mit bis zu 250 Eingängen. (Für einige dieser Funktionen scheitern alle AVS-Methoden bei der Konstruktion eines OBDDs bei klein gewähltem Knotenlimit [138].)

Für beide DD-Typen (OBDDs und OKFDDs) wurde dynamisches Variablensortieren ausgehend von der initialen Ordnung verwendet. Das Knotenlimit während der Aufbauphase wurde auf 1.2 Millionen gesetzt.

Zunächst wird *DTL-Sifting* (siehe Abschnitt 6.4.3) mit *Sifting* [138] und einer Reimplementierung von *Interleaving* [76] für OBDDs verglichen. Die Ergebnisse für einige der Schaltkreise aus [32] sind in Tabelle 8.5 angegeben[1]. Die Spalte *DTL-Sifting* (*Sifting, Interleaving*) beschreibt die Ergebnisse für die Anwendung von *DTL-Sifting* (*Sifting, Interleaving*). In Spalte *max.* wird die maximale Anzahl an Knoten, die während des Aufbaus verwendet wurden, angegeben. *nodes* bezeichnet die Anzahl der Knoten für die Repräsentation aller Ausgänge der Schaltung. *(DTL-)Sifting* wurde ausgeführt, sobald die Anzahl an Knoten 10.000 überstieg und erneut, sobald sich die Graphengröße verdoppelte. Wie man leicht erkennt, benötigt *DTL-Sifting* niemals mehr als doppelt so viel CPU-Zeit wie *Sifting*. Für

[1] Es wurden nur die Schaltkreise angegeben, bei denen auch *Interleaving* das OBDD aufbauen konnte.

Name	*DTL-Sifting*			*Sifting*			*Interleaving*		
	cpu	*nodes*	*max.*	*cpu*	*nodes*	*max.*	*cpu*	*nodes*	*max.*
C432	8	1852	10000	4	1331	10000	8	31177	210000
C880	37	8907	20000	23	9118	25000	1	8654	35000
C1355	668	19217	110000	341	37960	155000	2370	40657	180000
C1908	40	5523	20000	49	9411	30000	8	17121	90000
C2670	82	5200	25000	58	6749	25000	1	26303	40000
C3540	647	57300	270000	827	59911	310000	63	153388	1100000
C5315	22	2284	10000	16	2924	20000	5	51777	145000

Tabelle 8.5: Vergleich gesifteter OKFDDs und OBDDs

die Schaltkreise *C3540* und *C1908* ist *DTL-Sifting* sogar schneller. Bemerkenswert ist weiterhin, daß die Anzahl der Knoten, die während des Aufbaus des Graphen benötigt wird, immer verhältnismäßig klein bleibt. (Dies ist bei *Interleaving* nicht der Fall; hier ist einer der Hauptnachteile des Verfahrens zu sehen, obwohl die Methode oftmals sehr schnell ist.)

Durch iterierte Anwendung von *DTL-Sifting* (bis keine Verbesserung durch eine weitere Anwendung des Verfahrens mehr möglich ist) kann die Größe der OKFDDs oftmals deutlich verringert werden. In Tabelle 8.6 werden in der Spalte OKFDD-Größen in Einheiten von "tausend Knoten", d.h. 1.2 entspricht 1200 Knoten, angegeben, die durch wiederholte Anwendung von *DTL-Sifting* entstanden sind. In der Spalte OBDD sind zum Vergleich die OBDD-Größen aus [138] angegeben.

Faßt man die erhaltenen Ergebnisse zusammen, so kann man folgern, daß OFDDs bei arithmetischen Funktionen oftmals bessere Darstellungen zulassen, bei großen Schaltkreisen jedoch häufig versagen. Die 'state-of-the-art'-Datenstruktur OBDD erreicht im Mittel sehr gute Ergebnisse. Es existieren sowohl ausgereifte AVS- als auch DVS-Methoden. Um die Übersichtlichkeit der Darstellung zu gewährleisten, wurden bei den DVS-Ansätzen nur die grundlegenden Methoden illustriert und anhand von Experimenten gegenübergestellt. (Der interessierte Leser sei nochmals auf [121, 124, 123] verwiesen.) Die vorgestellten Experimente zeigen, daß OKFDDs (insbesondere für größere Schaltkreise) Potential besitzen, um Boolesche Funktionen kompakter als OBDDs darzustellen. Die zusätzlichen Laufzeiten

Name	*in*	*out*	OBDD	OKFDD
C432	36	7	1.2	1.1
C499	41	32	44.8	13.4
C880	60	26	9.1	4.0
C1355	41	32	36.2	13.4
C1908	33	25	12.4	3.8
C2670	233	140	6.6	1.4
C3540	50	22	27.2	22.4
C5315	178	123	3.1	1.3
C7552	207	108	8.2	3.0
s1423	91	79	5.7	1.3
pair	173	137	4.5	1.9
rot	137	107	5.0	3.2
Σ			164.0	70.2

Tabelle 8.6: Iteriertes *DTL-Sifting*

für *DTL-Sifting* auf OKFDDs sind meist vertretbar und liefern oftmals bessere Ergebnisse als *Sifting* für OBDDs. Bei OKFDDs handelt es sich um eine relativ neue Datenstruktur, deren Möglichkeiten noch nicht voll ausgeschöpft sind. Zukünftige Entwicklungen werden zeigen, in wieweit sich OKFDDs gegenüber OBDDs behaupten können.

8.3 Word-level Decision Diagrams

In diesem Kapitel werden word-level DDs betrachtet. (Messungen für word-level DDs wurden auf einer in *C++* implementierten Prototyp-Version eines word-level DD-packages durchgeführt [66].) Word-level DDs können sowohl für "echte" word-level Funktionen eingesetzt werden, als auch für den Booleschen Fall. Erste experimentelle Messungen für *3-Cliquen*-Funktionen wurden zur Illustration schon in Tabelle 5.2 in Kapitel 5 angegeben. Im folgenden werden die verschiedenen DD-Typen auf *Benchmark*-Schaltkreisen gegenübergestellt.

Zuerst werden "alle" verschiedenen DD-Typen für kleine Schaltkreise betrachtet,

Name	OBDD	EVBDD	OFDD		*BMD		K*BMD		
			pD	nD	pD	nD	S	pD	nD
alu2	230	257	159	161	339	366	230	313	344
alu4	1181	1219	568	605	1505	1639	1181	1477	1612
apex6	2759	3235	1321	1360	1463	1556	2759	1425	1478
apex7	1659	1687	471	491	517	548	1659	487	507
cc	100	105	75	93	78	102	100	75	93
c8	135	145	119	91	136	124	135	126	98
frg1	203	203	362	710	380	743	203	362	710
frg2	6470	6520	3337	2439	3555	2612	6470	3520	2489
x1	1296	1583	1741	1626	1805	1666	1296	1741	1626
x3	2759	3235	1321	1360	1463	1556	2759	1425	1478

Tabelle 8.7: Vergleich verschiedener DD-Typen

Bitlänge	EVBDD	S-K*BMD	BMD	(K)*BMD
4	75	19	20	8
8	2295	263	72	16
16	1114095	65551	272	32
30	$> 2^{30}$	$> 2^{30}$	930	60
n	$(2^n - 1)(n + 1)$	$2^n + n - 1$	$n(n + 1)$	$2n$

Tabelle 8.8: DD-Typen für binäre Multiplikation

d.h. für Schaltkreise, die durch alle verschiedenen Typen (ohne Änderung der Variablenreihenfolge) dargestellt werden können. Die Resultate sind in Tabelle 8.7 angegeben. Die einzelnen Einträge bezeichnen hierbei die Anzahl der Knoten, die zur Repräsentation der Funktion benötigt werden. Hierbei werden bei OFDDs, *BMDs und K*BMDs nur die "reinen" DDs betrachtet, d.h. das Mischen von Dekompositionstypen ist nicht erlaubt.

In einer nächsten Messung wurden Schaltkreise betrachtet, die die binäre Multiplikation berechnen. Die zugehörigen Ergebnisse sind in Tabelle 8.8 angegeben. In der letzten Zeile ist zu jedem DD-Typ eine geschlossene Form für die Dar-

Name	OBDD	OpFDD
C432	1209	4011
C499	29561	480058
C880	5555	8995
C1355	29561	481505
C1908	9171	72682
C2670	6488	4124
C5315	2554	5882
C6288	-	-

Tabelle 8.9: OBDDs und OpFDDs für bit-level Schaltkreise

stellungsgröße beschrieben. S-K*BMD ist der K*BMD, der nur aus S-Knoten besteht, also ein FEVBDD (siehe Bemerkung 4.1). Der Multiplikation kommt großes Interesse zu, da sie einerseits in Anwendungen häufig als (Teil-)Schaltkreis vorgefunden wird, andererseits aber durch bit-level DDs nicht effizient dargestellt werden kann (siehe Abschnitt 5.2.4). Man erkennt aus der Tabelle direkt, daß nur die Datenstrukturen die Multiplikationsfunktion effizient darstellen können, die als Zerlegungsfunktion die word-level Davio-Dekomposition zulassen.

Bevor nun DDs zu "großen" Funktionen betrachtet werden, soll anhand einiger Messungen gezeigt werden, daß Davio-basierte word-level DDs i.a. nicht gut zur Darstellung von Booleschen Funktionen geeignet sind. In [50] wurde beobachtet, daß die pD-Dekomposition in OFDDs für Boolesche Funktionen das gleiche Resultat erzielt, wie wenn man in einem BMD eine modulo 2-Operation auf den Terminalen ausübt und anschließend eine Reduktion durchführt. Die gleiche Beobachtung gilt für *BMDs, wenn man die modulo-Operation in jedem Knoten ausführt [17]. Somit ist für Boolesche Funktionen die Größe eines OpFDDs eine untere Schranke für die (*)BMD-Größe.

Im folgenden vergleichen wir die Größe von OBDDs und OpFDDs für einige Beispielschaltkreise aus [32]. Die OBDDs und OpFDDs wurden mit der initialen Ordnung aufgebaut. (Hierbei wurde kein Knotenlimit gesetzt.) Anschließend wurde solange *Sifting* angewendet, bis keine weitere Verbesserung mehr erreicht werden konnte. (Diese Messungen wurden wieder auf dem OKFDD-Paket PUMA [60] ausgeführt.)

Die Knotenzahlen für OBDDs unf OpFDDs sind in Tabelle 8.9 angegeben. Man erkennt direkt, daß OBDDs deutlich besser geeignet sind als OpFDDs, doch diese stellen nur eine untere Schranke für (*)BMDs dar. Somit liegt der Schluß nahe, daß (*)BMDs für die Darstellung großer Boolescher Funktionen nicht geeignet sind.

Andererseits können weder OBDDs noch OpFDDs die binäre Multiplikation darstellen (siehe C6288 in Tabelle 8.9 und Kapitel 5).

Im folgenden werden nun die dynamischen Methoden aus Kapitel 6 zur Minimierung von OBDDs, *BMDs und K*BMDs eingesetzt. Zunächst werden erneut "kleine" Funktionen betrachtet, d.h. Funktionen, bei denen in der Aufbauphase bei einem Knotenlimit von 100.000 keine dynamische Minimierung benötigt wird. Erst nach dem kompletten Aufbau wird der *Sifting*-Algorithmus bzw. *DTL-Sifting* aufgerufen. Die Ergebnisse sind in Tabelle 8.10 angegeben. Bei *BMDs wird hierbei (analog zu [39]) nur die pD-Dekomposition zugelassen. Die jeweils besten Ergebnisse sind fett gedruckt. *BMDs sind meist größer als K*BMDs. Das Beispiel *frg2* zeigt jedoch, daß in manchen Fällen (obwohl K*BMDs die allgemeinere Datenstruktur sind als *BMDs) ein kleiner Suchraum auch zu besseren Lösungen führen kann. Dies ist bei den betrachteten DD-Typen jedoch eher die Seltenheit.

Im folgenden werden noch größere Beispiele betrachtet, d.h. es werden Funktionen betrachtet, bei denen dynamisches Minimieren schon während der Aufbauphase benutzt wird. Die Resultate sind in Tabelle 8.11 angegeben. Es zeigt sich, daß mit *BMDs die meisten Schaltungen nicht komplett aufgebaut werden können. OBDDs und K*BMDs sind bei diesen Schaltungen in der gleichen Größenordnung.

Abschließend läßt sich sagen, daß Davio-basierte word-level DDs gut zur Darstellung arithmetischer Funktionen geeignet scheinen. Bei Booleschen Schaltungen sind Shannon-basierte DDs jedoch deutlich überlegen. Alles in allem zeigt sich, daß je nach Schaltkreistyp der eine oder andere DD-Typ Vorteile bietet, daß sich also eine Datenstruktur, die die Repräsentation verschiedener Arten von DDs in einem Datentyp erlaubt, durchaus vorteilhaft ist.

Name	OBDD	*BMD	K*BMD
apex6	571	612	**531**
apex7	315	312	**264**
frg1	82	160	**81**
frg2	1419	**760**	912
alu2	**157**	270	**157**
alu4	428	1076	**349**
cc	59	42	**39**
c8	79	79	**68**
k2	1270	2045	**1097**
lal	**85**	124	87
too_large	456	681	**332**
vda	479	715	**439**
x1	466	709	**426**

Tabelle 8.10: DD-Größen mit dynamischer Optimierung

Name	OBDD	*BMD	K*BMD
C432	**1209**	-	**1209**
C499	**29561**	-	**29561**
C880	7718	-	**4048**
C1355	**29561**	-	**29561**
C1908	**5028**	-	5944
C2670	4093	-	**3939**
C5315	**2270**	-	2504
des	**3022**	4425	**3022**
pair	3210	4833	**2911**
rot	7702	11191	**5808**

Tabelle 8.11: DD-Größen für große *Benchmarks*

8.4 Aufgaben

Aufgabe 8.1 $*$ Geben Sie eine Formel an, mit der man die Knotenzahl von OBDDs für die binäre Multiplikation möglichst genau abschätzen kann.

9 Ausblick und weitere Anwendungen

9.1 Einleitung

In den vorherigen Kapiteln wurden verschiedene Datenstrukturen zur Repräsentation und Manipulation von Funktionen vorgestellt, ihre Eigenschaften und erste Anwendungen untersucht und auch Implementierungsaspekte angesprochen. In diesem Kapitel sollen, ohne Anspruch auf Vollständigkeit zu erheben, aus der Fülle der inzwischen entwickelten DD-Ansätze im CAD-Bereich (einige weitere) mögliche Anwendungen aufgezeigt werden. Wir werden dabei nicht auf Details eingehen; vielmehr geht es darum, einige grundlegende Ideen im Überblick zu vermitteln und anzudeuten, daß je nach Problemstellung verschiedene DD-Typen vorteilhaft angewendet werden können.

Im einzelnen gehen wir auf folgende drei Themenkreise ein: Zwei- und mehrstufige Logiksynthese, Testen und Verifikation.

9.2 Logiksynthese

Die Logiksynthese beschäftigt sich mit der Aufgabe, aus einer Funktionsbeschreibung einen (möglichst guten) Schaltkreis zu synthetisieren. Einen guten Überblick zu diesem Thema gibt z.B. [71, 86].

9.2.1 Minimierung zweistufiger Schaltungen

Die effiziente Minimierung zweistufiger Schaltungen ist ein Hauptproblem vieler Synthesetools. Im folgenden wird kurz angedeutet, wie durch die Benutzung von

DDs Probleminstanzen behandelt werden konnten, die mit keinen anderen Methoden handhabbar sind. In einem ersten Abschnitt wird auf Minimierung von AND/OR-Ausdrücken eingegangen. Anschließend wird diskutiert, wie die dort gewonnenen Einsichten bei AND/EXOR-Minimierung Verwendung finden.

AND/OR-Minimierung

Methoden zur exakten AND/OR-Minimierung wurden bereits in den fünfziger Jahren entwickelt [132, 133, 111]. Sie konnten aber nur auf relativ kleine Beispiele angewendet werden, insbesondere deshalb, weil für sie die Berechnung aller Primimplikanten notwendig war. Praktikable Minimierungsalgorithmen wurden mit dem Aufkommen von programmierbarer Logik, wie PLAs und PALs [73], auch industriell bedeutsam und führten schließlich zu ESPRESSO, einem leistungsfähigem Programm zur heuristischen Minimierung von AND/OR-Ausdrücken [29]. In ESPRESSO wird auf die Berechnung aller Primimplikanten verzichtet, zur Darstellung von Monomen werden Felder, die der Größe der Darstellung angepaßt werden, verwendet, und es wird versucht, durch ein iteratives Verfahren günstige Darstellungen zu berechnen. Insgesamt erlaubt das Verfahren auch die Minimierung von Funktionen mit vielen Variablen. Jedoch kann ESPRESSO für Funktionen mit einer großen Anzahl an Primimplikanten bisweilen keine ausreichend guten Lösungen bestimmen.

Durch die Verwendung von OBDDs konnte ein weiterer signifikanter Fortschritt erzielt werden. Dabei werden alle notwendigen Datenmengen implizit durch OBDDs repräsentiert und alle Operationen auf OBDDs durchgeführt. Die entstehenden Verfahren sind den bislang bekannten sowohl von der Geschwindigkeit als auch von den behandelbaren Probleminstanzen deutlich überlegen. Es ist dadurch möglich, Funktionen mit mehr als 10 Millionen Primimplikanten (sogar) exakt zu minimieren [55, 166, 53].

AND/EXOR-Minimierung

Im Gegensatz zur AND/OR-Minimierung werden bei der AND/EXOR-Minimierung verschiedene Klassen von Ausdrücken und ihre Minimierung betrachtet (siehe [142]). Im folgenden wird kurz ein Überblick über die *klassischen Minimierungsverfahren* im Bereich AND/EXOR gegeben. Dieser Überblick erhebt keinen Anspruch auf Vollständigkeit. Vielmehr soll ein kurzer Einblick in die bis vor kurzem verwendeten Methoden gegeben werden. Anschließend zeigen wir neuere Sichtweisen auf, die durch die Verwendung von DDs ermöglicht werden.

FPRMs sind schon seit 1954 bekannt [135], und auch weitere Klassen wurden schon in den 60er Jahren eingeführt [56]. Die ersten Verfahren zur Minimierung verwendeten Matrizen als Basisstruktur. Dies hatte den Vorteil, daß die einzelnen Probleme elegant beschrieben werden konnten. Dem stand allerdings als Nachteil gegenüber, daß nur relativ kleine Probleminstanzen gelöst werden konnten, da die Verfahren immer exponentiellen Platz benötigten und dies auch bei sehr "einfachen" Funktionen.

In Anlehnung an ESPRESSO (siehe obigen Abschnitt) wurden im Rahmen der AND/EXOR-Minimierung Verfahren entwickelt, die eine ähnliche Grundstruktur besitzen [141, 143, 99, 160]. Diese Methoden benutzten AND/EXOR-spezifische Transformationen, um die Anzahl der Monome, die zur Darstellung einer Funktion benötigt werden, zu verkleinern. Diese Programme sind jedoch alle heuristisch, d.h. sie bestimmen im allgemeinen keine optimale Lösung.

Durch die Einführung der unterschiedlichen DDs wurde es jedoch in den vergangenen zehn Jahren ermöglicht, für einige Klassen von AND/EXOR-Ausdrücken genaue Lösungen zu bestimmen. Für FPRMs (siehe Kapitel 2) wird in [69] ein OFDD-basiertes Verfahren angegeben, das die Minimierung für Funktionen mit bis zu 20 Variablen erlaubt[1]. Kern der Methode ist die Einsicht, daß die 1-Pfade eines OFDDs eine FPRM definieren: Für gegebene Funktion und feste Variablenordnung stehen die OFDDs (mit fester DTL) und die FPRMs (mit durch die DTL gegebener Polarität der Variablen) in eineindeutiger Beziehung zueinander und ein Wechsel der Polarität entspricht einer Synthese-Operation auf dem zugehörigen OFDD.

Man kann nun überlegen, andere DD-Typen zur Darstellung der Funktionen zuzulassen, um so allgemeinere Klassen von AND/EXOR Formen zu erhalten. Eine naheliegende Verallgemeinerung der in [69] vorgestellten Methoden ist die Verwendung von OKFDDs anstelle von OFDDs. Die aus der EXOR-Verknüpfung der 1-Pfade resultierende zweistufige Darstellung ist als *Kronecker Expression* (KRO) [56, 140] bekannt. Genauere Untersuchungen [63] haben gezeigt, daß KROs oftmals wesentlich günstigere Darstellungen als FPRMs erlauben. Die Laufzeiten der Minimierung sind aufgrund der effizienten OKFDD-Synthesen nur geringfügig höher. Die Resultate bzgl. der exakten Minimierung von FPRMs für

[1]Alle anderen bis dahin bekannten Verfahren scheiterten bei mehr als 14 Variablen.

symmetrische Funktionen in polynomieller Zeit lassen sich ebenfalls auf KROs verallgemeinern [61, 16].

In [146] wurde ein Verfahren vorgestellt, das durch die Zuhilfenahme von MTBDDs und *EXOR Ternary Decision Diagrams*, einer problemspezifischen Datenstruktur, FPRMs und KROs auch für manche Funktionen mit bis zu 90 Eingängen exakt minimieren kann.

Eine weitere Möglichkeit, die durch DDs repräsentierbare Klasse von AND/EXOR-Ausdrücken zu erweitern, besteht in der Verwendung von freien Diagrammen, d.h. Diagrammen, die keine feste Variablenordnung besitzen (siehe auch Kapitel 10). Allerdings sind für diese Graphen im allgemeinen keine effizienten Syntheseoperationen möglich, und auch die Kanonizität der Darstellung geht verloren. Erste Ergebnisse in diesen Bereichen zeigen jedoch, daß trotz dieser Nachteile kleine zweistufige Schaltungen synthetisiert werden können [142, 59].

9.2.2 Synthese von mehrstufigen (testbaren) Schaltungen

Inzwischen sind vermehrt Ansätze zu beobachten, DD-basierte Methoden auch auf die Synthese mehrstufiger Schaltungen auszudehnen. Hier sind einmal Verfahren zu erwähnen, die DDs durch eine eins-zu-eins-Abbildung als Schaltkreis interpretieren und so aufgrund der strukturellen Eigenschaften der DDs Schaltungen realisieren, die z.B. für eine bestimmte Technologie oder für einen effizienten Test besonders gut geeignet sind. Andererseits wird versucht, die DD-basierten Methoden durch Anwendung problemspezifischer Verallgemeinerungen von DDs und Anwendung von Transformationen weiter zu verfeinern und so die Synthese mehrstufiger Schaltungen, die EXORs als Grundgatter enthalten, zu verbessern.

Ein Multiplexer kann in *Pass Transistor Logic* sehr kostengünstig realisiert werden. Diese Beobachtung ist Ausgangspunkt von Ansätzen in [21, 40], BDDs direkt auf Netze von Transistoren abzubilden und dabei z.B. den Leistungsverbrauch der entstehenden Schaltkreise zu analysieren und zu minimieren.

Ein weiterer wichtiger Gesichtspunkt bereits in der Logiksynthese ist die Testbarkeit einer Schaltung. Der Test einer produzierten Schaltung auf ihre funktionale Korrektheit ist einer der wichtigsten und teuersten Schritte im gesamten Produktionsablauf. Da ein hoher Anteil der Fertigungskosten auf den Test entfallen, ist es naheliegend, entsprechende Strukturen zu entwerfen, die die Optimierung der Testphase ermöglichen. Eine sich in den vergangenen Jahren immer weiter verstärkende Tendenz ist die Berücksichtigung der Testbarkeit schon während der Konstruktion einer Schaltung (*Design for Testability*, kurz: DFT). Es gibt inzwischen mehrere DFT-Ansätze, die es ermöglichen, direkt aus einer Datenstruktur, in der eine Boolesche Funktion beschrieben ist, eine testbare Schaltung zu konstruieren. Dieser Prozeß sollte mit der Logiksynthese verbunden werden, so daß die Schaltungen nicht nur gut testbar sind, sondern noch dazu einer guten Realisierung der Funktion entsprechen.

Eine Möglichkeit dazu stellt die Verwendung von DDs dar. Die Testbarkeit von Schaltungen, die man direkt aus OBDDs erhält, indem man die einzelnen Knoten durch Multiplexer ersetzt, wurde schon mehrfach untersucht [6, 10, 7]. Die verschiedenen Ansätze unterscheiden sich sowohl in der Methodik als auch im betrachteten Fehlermodell. Wie jedoch aus Kapitel 5 bekannt, existieren Funktionen, die sich nicht effizient als OBDD darstellen lassen.

Deshalb wurden analoge Betrachtungen für OpFDDs [13] und OKFDDs [15] angestellt. (Die Methoden aus [10] lassen sich auf den Fall von D-Knoten übertragen.) Da OKFDDs eine kleinere (oder zumindest gleich große) Darstellung wie OBDDs erlauben, werden die Schaltungsgrößen entsprechend reduziert. Früher war einer der Hauptkritikpunkte der EXOR verwendenden Schaltungen, daß ein EXOR-Gatter mehr Platz benötigt als ein OR-Gatter und somit der Gewinn, den man erzielt hat, wieder verloren geht. Durch die immer stärkere Verbreitung von *Field Programmable Gate Arrays* werden diese Nachteile jedoch verringert [33], da hierbei oftmals EXOR-Gatter die gleichen Kosten wie alle anderen Gatter auch verursachen.

Ein Problem, das sich aus der Verwendung von OKFDDs jedoch ergibt, ist, daß die resultierenden Schaltkreise lineare Tiefe haben. Für OBDDs wurde ein Verfahren zur Reduktion der Tiefe zu Lasten der Größe des Schaltkreises in [92] vorgeschlagen. Dieses läßt sich auch auf OKFDDs übertragen [88]. Die resultierenden Schaltungen sind jedoch oft (noch) deutlich größer als die aus anderen Synthesetools resultierenden, wie z.B. MIS [30].

Es ist aktueller Forschungsgegenstand, durch Anwendung problemspezifischer Verallgemeinerungen von DDs und Anwendung von Transformationen DD-basierte Ansätze weiter zu verfeinern und so die Synthese mehrstufiger Schaltungen, die EXORs als Grundgatter enthalten, zu verbessern [145, 172, 173, 182].

9.3 Testen

Wie im letzten Abschnitt bereits erwähnt, entfällt ein signifikanter Anteil der Produktionskosten auf die Testphase, in der die fehlerhaften Chips ausgesondert werden sollen. Bedingt durch nicht vermeidbare Fehlerquellen in der Fertigung ist diese Phase unverzichtbar, und den dort angewendeteten Algorithmen kommt besondere Bedeutung zu. Weitere Details können z.B. [1, 180] entnommen werden.

Wir konzentrieren uns hier auf einige DD-basierte Ansätze in den Bereichen *Testmustergenerierung, Fehlersimulation, Initialisierung endlicher Automaten und Built-in-Self-Test (BIST).*

9.3.1 Testmustergenerierung und Fehlersimulation

Testmustergenerierung (TMG) und *Fehlersimulation* (FS) sind die zwei klassischen Hauptaufgaben im Bereich Testen. Die Aufgabe der TMG hingegen ist es, zu einem gegebenen Schaltkreis und einem Fehler eine Belegung der Schaltkreiseingänge zu bestimmen, so daß der Fehler an einem Ausgang der Schaltung sichtbar wird. Bei der FS soll zu einem gegebenen Schaltkreis und einer Belegung der Eingänge die Menge der Fehler bestimmt werden, die durch diesen Eingabevektor bestimmt wird. (Die Menge selbst ist stark vom verwendeten Fehlermodell abhängig.)

Zu beiden Problemen wurden in den vergangenen Jahren zahlreiche Lösungen vorgeschlagen. Wir gehen zunächst auf die TMG ein. Die ersten Verfahren waren immer *pfadorientiert*, d.h. es wurden ausgehend vom Fehlerort Belegungen der Signale konstruiert, die die benötigten Werte zur Einstellung und Propagation des Fehlers ermöglichten [85, 79, 152, 75]. Sobald man eine Belegung der Eingangssignale gefunden hat, ist ein Test für den Fehler konstruiert. Da es sich bei der TMG um ein NP-vollständiges Problem handelt, ist das Auffinden einer Lösung i.a. sehr schwierig und wird in den klassischen Algorithmen durch Heuristiken gesteuert.

Alternativ zu den pfadorientierten Verfahren wurden in den letzten Jahren OBDD-basierte Methoden zur TMG unter Verwendung unterschiedlicher Fehlermodelle eingesetzt [80, 163, 22, 162, 57]. Diese Verfahren zeichnen sich durch leicht zu verstehende Algorithmen aus. Die Laufzeiten sind meist niedrig, solange die OBDDs "klein" bleiben. Zusätzlich besteht bei OBDD-basierten Algorithmen häufig die Möglichkeit, nicht nur einzelne Testmuster, sondern *alle* Eingabevektoren zu berechnen, die den betrachteten Fehler entdecken.

Über Erweiterungsmöglichkeiten der oben angesprochenen BDD-Verfahren muß allerdings nachgedacht werden, da es bei praktischen Beispielen immer wieder Funktionen gibt, die als BDD nur schlechte Darstellungen besitzen und sich deshalb einer Lösung entziehen oder zumindest zu enormen Laufzeiten führen. Die Kombination von OBDD-basierten und pfadorientierten Methoden stellt hier sicherlich eine interessante Möglichkeit dar: Vielversprechende Ansätze in diese Richtung sind z.B. in [48] auf dem Gebiet der TMG für sequentielle Schaltkreise zu beobachten.

Auch für Fehlersimulation von sequentiellen Schaltkreisen wurde ein solches *hybrides* Verfahren entwickelt und zur exakteren Berechnung der Fehlerüberdeckung bei gegebener Testsequenz erfolgreich angewandt [100, 101].

9.3.2 Initialisierung endlicher Automaten

Es gibt eine Reihe von Arbeiten (siehe z.B. [129, 130, 177, 97]), die sich mit der Frage beschäftigen, ob und gegebenenfalls wie sequentielle Schaltkreise ohne *Reset*-Leitung in einen wohldefinierten Anfangszustand gebracht werden können. Mittels einer symbolischen Repräsentation der Zustände des Automaten durch BDDs wird hier versucht, *Reset*-Sequenzen minimaler (oder fast minimaler) Länge zu berechnen. Dies kann z.B. bei der sequentiellen TMG unmittelbar ausgenutzt werden [48].

9.3.3 Built-in-Self-Test

Mit wachsender Integrationsdichte kommt dem Selbsttest, d.h. dem Test einer Schaltung durch eine eingebaute Selbsttestlogik wachsende Bedeutung zu. Selbsttests beruhen sehr häufig auf (gewichteten) Zufallstests, die von der Selbsttestlogik generiert und ausgewertet werden. Die Qualität des Tests hängt dabei wesentlich von der Wahl der Eingangswahrscheinlichkeiten beim zu testenden Schaltkreis ab.

Die Eingangswahrscheinlichkeiten werden dabei in der Regel ausgehend von geschätzten Fehlerentdeckungswahrscheinlichkeiten oder "guten" Testmengen heuristisch bestimmt. Die Berechnung einer "guten" Testmenge geschieht insbesondere auch in dem in [103] vorgestellten Algorithmus, wo es mit einer in ein *divide&conquer* Verfahren eingebetteten BDD-basierten Methode gelingt, vollständige Testmengen für alle schweren Fehler bei den *ISCAS85 Benchmarks* [32] zu berechnen. Damit können dann exakte Fehlerentdeckungswahrscheinlichkeiten problemlos angegeben werden. Dies kann nun erfolgreich dazu benutzt werden, die existierenden Methoden mittels eines BDD-basierten Ansatzes entscheidend zu verbessern [102, 122].

9.4 Verifikation

Verifikation beschäftigt sich mit dem Nachweis der Korrektheit eines digitalen Systems [72]. Man unterscheidet zwischen *formaler Verifikation* — dem *Beweis* der Korrektheit — und *Verifikation durch Validierung.* Letztere erfolgt in der Regel durch Simulation (möglichst) vieler Eingabemuster. In beiden Fällen werden auch hier vermehrt BDDs — oder modifizierte Verallgemeinerungen — verwendet. Wir betrachten im folgenden die Bereiche *(Formale) Verifikation kombinatorischer bzw. sequentieller Schaltkreise* und *Functional Simulation.* Probleme entstehen generell, falls es im Rahmen der vorliegenden Rechnerressourcen nicht möglich ist, die zu einer Funktion gehörenden BDDs aufzubauen. Wir gehen zuerst nur auf BDD-basierte Verfahren ein. Im nächsten Abschnitt werden dann auch word-level DDs betrachtet, die insbesondere bei "daten-dominierten" Schaltkreisen Anwendung finden.

9.4.1 Verifikation kombinatorischer Schaltkreise

Die Aufgabe der Verifikation in diesem Fall soll an einem kurzen einleitenden Beispiel aufgezeigt werden: Die Spezifikation eines zu konstruierenden Schaltkreises sei in Form einer Booleschen Funktion gegeben. Man versucht zu zeigen, daß ein angefertigter Schaltkreisentwurf die Spezifikation erfüllt. Dazu konstruiert man aus dem entworfenen Schaltkreis die Funktion, die durch ihn beschrieben wird. Ein Vergleich mit der durch die Spezifikation gegebenen Funktion ergibt Aussagen über die Korrektheit.

Man benötigt somit eine Datenstruktur, die es ermöglicht, Funktionen zu einem gegebenen Schaltkreis aufzubauen und diese auf Gleichheit zu überprüfen.

(Eine vollständige Simulation (für jede Eingangsbelegung) ist meist durch die Komplexität des betrachteten Problems ausgeschlossen.) Dazu werden oftmals OBDDs verwendet [110, 36][2]. Falls Ungleichheit festgestellt wird, ist es für den Schaltkreisentwerfer oftmals von Vorteil, wenn er durch die Datenstruktur die Unterschiede mitgeteilt bekommt, z.B. in Form einer Eingabe, bei der Ungleichheit auftritt. Die Datenstruktur sollte also die entsprechenden Operationen zur Verfügung stellen. Dies ist bei OBDDs trivial durchzuführen, wenn man OBDDs für den Schaltkreis und die Spezifikation bereits berechnet hat. Es genügt, eine EXOR-Operation auf den OBDDs zu berechnen. Das resultierende OBDD repräsentiert dann die Menge aller Unterschiede.

9.4.2 Verifikation sequentieller Schaltkreise

Hier besteht die zu lösende Aufgabe im Nachweis von gewissen Eigenschaften des endlichen Automaten, der durch den sequentiellen Schaltkreis definiert ist. Dabei kann es sich in direkter Verallgemeinerung des Verifikationsproblems bei kombintorischen Schaltkreisen um den Äquivalenznachweis von zwei endlichen Automaten handeln. Dieser Nachweis konnte mittels BDD-basierter Traversierung der Zustände des Produktautomaten in vielen nichttrivialen praktischen Fällen erbracht werden. Die Methoden sind unter dem Stichwort *Finite State Machine Traversal* (FSM-Traversal) inzwischen allgemein akzeptiert (siehe z.B. [54, 168]). Allerdings werden nach wie vor die Heuristiken mit dem Ziel weiterentwickelt, eine effiziente Traversierung des Zustandsraumes zu "gewährleisten" [44].

In anders gelagerten Fällen genügt es zur Verifikation nachzuweisen, daß gewisse Eigenschaften in (allen) Zuständen des Automaten erfüllt sind. Auch dies kann mittels BDD-basierter Verfahren durch Fixpunkt-Berechnung mit sogenanntem *Symbolic Model Checking* [42, 43, 113] vorgenommen werden.

9.4.3 Functional Simulation

Trotz des Erfolges der oben skizzierten symbolischen Methoden ist es in vielen Anwendungen, etwa bei der Simulation von langen Eingabesequenzen eines sequentiellen Schaltkreises, nach wie vor notwendig, Simulationen effizient durchführen zu können. Auch dabei können OBDDs gemäß der im folgenden

[2]Die Konstruktion von OBDDs zu den Schaltungen wird im Gegensatz zur "herkömmlichen Simulation" auch oft als "symbolische Simulation" bezeichnet.

skizzierten Idee erfolgreich eingesetzt werden [8, 112, 149]. Der kombinatorische Teil des gegebenen Schaltkreises wird dadurch repräsentiert, daß die charakteristische Funktion der (Ein-, Ausgabe)-Relation als OBDD repräsentiert wird. Dies ermöglicht eine Auswertung des Schaltkreises für eine Eingabe in linearer Zeit in der Zahl der Input-, Outputports, solange gewisse Restriktionen bzgl. der Variablenreihenfolge eingehalten werden. Klassische Simulation erfordert pro Muster in der Regel eine Traversierung des gesamten Schaltkreises.

9.5 Ausblicke

Wir beenden dieses Kapitel mit einigen allgemeinen Bemerkungen. Generell entstehen bei allen Anwendungen Probleme, falls es im Rahmen der vorliegenden Rechnerressourcen nicht möglich ist, die benötigten DDs aufzubauen. Deshalb wurden und werden immer wieder Varianten von DDs vorgeschlagen, die es ermöglichen, mehr Boolesche Funktionen effizient darzustellen und noch besser in Abhängigkeit von der Anwendung, die geeignete Repräsentationsform auszuwählen. Die aus unserer Sicht wichtigsten Erweiterungen haben wir in den vorangegangenen Kapiteln ausführlich besprochen. Im folgenden Kapitel wollen wir zur Abrundung weitere Varianten kurz andiskutieren.

Wir wollen an dieser Stelle nochmals explizit die in Kapitel 4 vorgestellten word-level DDs erwähnen. Sie wurden (historisch gesehen) in erster Linie für den Einsatz im Bereich der Verifikation vorgeschlagen. Viele arithmetischen Funktionen können auf word-level leicht(er) beschrieben werden. Somit ist z.B. erstmalig mit (*)BMDs die Verifikation "großer" Multiplizierer gelungen [39, 87, 98]. Ein Problem dabei ist jedoch, daß, auch wenn sich die Funktion darstellen läßt, es viele Probleme gibt, die auf OBDDs trivial sind, sich aber durch (*)BMDs nur umständlich beschreiben lassen.

Aus diesem Grunde sind hybride DDs, die word-level und bit-level Ansätze integrieren, von Interesse [51, 66]. Durch sie wird es möglich, zusammengehörige Signale direkt als ein Signalbündel aufzufassen. Entsprechend der Spezifikation der Schaltung in einer Hardware-Beschreibungssprache (wie z.B. VHDL [107]) ist es nun denkbar, durch die geeignete Beschreibung mittels Wörtern und Bits einen direkteren Bezug zwischen Spezifikation und zu verifizierender Schaltung herzustellen. Ansätze in diese Richtung sind Gegenstand aktueller Untersuchungen [45, 66].

Es ist zum jetzigen Zeitpunkt unklar, inwieweit word-level DDs auch in anderen Anwendungsgebieten, etwa im Bereich *Testen* und *Synthese*, eingesetzt werden können.

10 Weitere Ansätze mit Decision Diagrams

10.1 Einleitung

In den vorangegangenen Kapiteln wurden zur Repräsentation von Funktionen nur DDs betrachtet, bei denen die zugrundeliegenden Graphen einigen Restriktionen, etwa bzgl. der Ordnung der Variablen oder den Dekompositionstypen, unterliegen. Dies wurde damit gerechtfertigt, daß es sich bei diesen DD-Typen um jene handelt, die sich in den Anwendungen am besten durchgesetzt haben und aus diesem Grund am weitesten verbreitet sind.

Trotzdem gibt es noch eine Reihe weiterer DD-Typen, die hier nur am Rande erwähnt werden sollen. Es werden im folgenden nur die Hauptmerkmale erläutert, und es werden Verweise auf weiterführende Literatur angegeben.

Ein wichtiger DD-Typ sind *Zero-Suppressed-BDDs* (ZBDDs) [118], die zur Mengenverwaltung erfolgreich eingesetzt werden.

Weiterhin sollen DDs angesprochen werden, die keiner festen Ordnung genügen. Als ein Beispiel seien hierbei *Freie BDDs* (FBDDs) [84, 158] erwähnt, die trotz der unterschiedlichen Ordnungen durch andere Restriktionen die Kanonizität der Darstellung gewährleisten.

Abschließend werden noch "DD-ähnliche" Datenstrukturen angesprochen, die im strengen Sinne keine DDs mehr darstellen, sich aber doch relativ einfach aus "klassischen" DDs ableiten lassen. Dies sind zum einen DDs, die mehr als zwei ausgehende Kanten pro Knoten besitzen. Sie dienen häufig zur Repräsentation von mehrwertigen Funktionen [161, 12]. Desweiteren können DDs dadurch abgewandelt werden, daß man sogenannte Operationsknoten integriert [95, 82, 155, 89, 4].

10.2 Zero-Suppressed-BDDs

Zero-Suppressed-BDDs (ZBDDs) [118] wurden 1993 zur Mengenrepräsentation und -manipulation vorgeschlagen. Die zugrundeliegende Idee ist sehr einfach: Man benutzt geordnete DDs und führt in jedem Knoten eine Shannon-Dekomposition aus (analog zu OBDDs). Nun wird jedoch pro Knoten statt der Reduktion vom Typ S die Reduktion vom Typ D durchgeführt. Diese (auf den ersten Blick) "falsche" Reduktion hat bei der Darstellung kombinatorischer Mengen große Vorteile, wie sich aus dem folgenden Beispiel zeigt:

Beispiel 10.1 Sei $M_1 = \{001, 010\}$ eine zu repräsentierende Menge. Das OBDD, das die zugehörige charakteristische Funktion darstellt, ist in Abbildung 10.1(a) angegeben. Betrachtet man nun die Menge $M_2 = \{0001, 0010\}$, so wird diese durch das OBDD in Abbildung 10.1(b) dargestellt. Eine genauere Betrachtung der Mengen liefert jedoch, daß die in der Menge enthaltenen Elemente identisch sind, aber die Mengen sind über einem unterschiedlichen Bereich definiert. Da es nicht wünschenswert ist, für diese "unnötige" Information Speicherplatz (in Form von Knoten) bereitzustellen, wäre für Mengen eine Datenstruktur von Interesse, die nur die wesentlichen Informationen bereitstellt. Dies wird genau bei ZBDDs durch den veränderten Reduktionstyp erreicht. Das ZBDD für die Mengen M_1 und M_2 ist in Abbildung 10.1(c) angegeben. Wie man sieht werden diese "unterschiedlichen" Mengen durch den gleichen Graphen repräsentiert.

Aus Lemma 2.3 folgt unmittelbar, daß sich OBDDs und ZBDDs nur durch einen linearen Faktor in der Größe des Graphen unterscheiden. Bei praktischen Anwendungen hat sich jedoch gezeigt, daß dies häufig zu signifikanten Unterschieden führt, so daß die meisten heute gebräuchlichen DD-Pakete auch ZBDDs unterstützen.

Auf ZBDDs können (analog zu OBDDs) effiziente Syntheseoperationen definiert werden. Somit ist es möglich, die durch ZBDDs repräsentierten Mengen effizient zu manipulieren. Es werden Operationen für Durchschnittsbildung, Vereinigung, etc. zur Verfügung gestellt, die polynomiales *worst case* Verhalten haben.

ZBDDs wurden in der Zwischenzeit in vielen Anwendungen erfolgreich eingesetzt (siehe z.B. [69, 119]). Auch von theoretischer Seite wurden erste Untersuchungen angestellt [108].

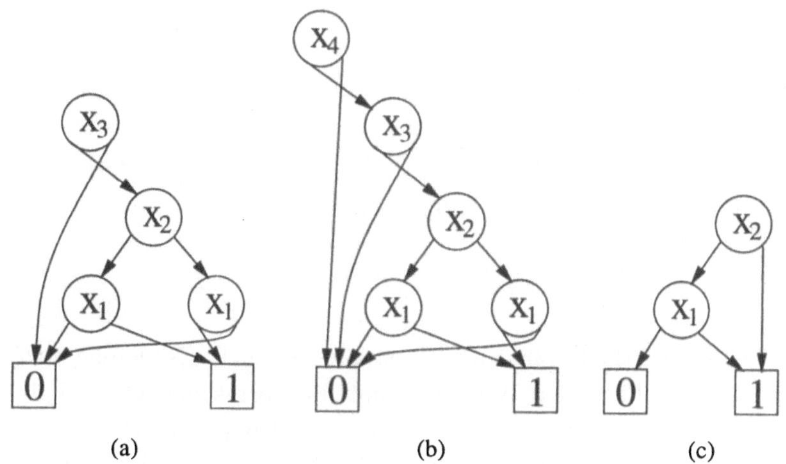

Abbildung 10.1: OBDDs und ZBDD zur Mengenrepräsentation

10.3 Freie Decision Diagrams

Gemäß der Definition (siehe Kapitel 2) handelt es sich bei *freien* DDs um DDs, die keine feste Variablensortierung besitzen, jedoch der Einschränkung unterliegen, daß jede Variable längs eines Pfades nur einmal gelesen werden darf.

Zunächst beschränken wir uns auf freie BDDs: In Abschnitt 5.2.4 wurde mit der HWB Funktion schon ein Beispiel gezeigt, bei dem OBDDs (und OpFDDs) nur "schlechte" Darstellungen zulassen. Dies ist für FBDDs nicht der Fall: Wir deuten im folgenden kurz einen Beweis an, daß FBDDs nur quadratische Größe (in der Anzahl der Eingabevariablen) zur Repräsentation der HWB Funktion benötigen.

Sei dazu $x_{i,j} = (x_i, x_{i+1}, \ldots, x_j)$ für $1 \leq i \leq j \leq n$ und $H(x_{i,j})$ folgendermaßen definiert:

$$H(x_{i,j}) = \begin{cases} 0 & \text{falls } wt(x_{i,j}) = 0 \\ x_{i+wt(x_{i,j})-1} & \text{sonst} \end{cases}$$

Dual dazu wird die Funktion $G(x_{i,j})$ definiert:

$$G(x_{i,j}) = \begin{cases} 1 & \text{falls } wt(x_{i,j}) = j - i + 1 \\ x_{i+wt(x_{i,j})} & \text{sonst} \end{cases}$$

Es gilt dann:

Lemma 10.1 1. $HWB(x_1, x_2, \ldots, x_n) = H(x_{1,n})$

2. $H(x_{i,j}) = \overline{x}_j \cdot H(x_{i,j-1}) + x_j \cdot G(x_{i,j-1})$

3. $G(x_{i,j}) = \overline{x}_i \cdot H(x_{i+1,j}) + x_i \cdot G(x_{i+1,j})$

4. $G(x_{i,i}) = H(x_{i,i}) = x_i$

Beweis: Die Korrektheit von 1. und 4. ist offensichtlich. Es bleiben also nur die Punkte 2. und 3. zu beweisen. Wir zeigen nun die Korrektheit von 2. Falls $x_j = 0$ ist, dann muß $H(x_{i,j}) = H(x_{i,j-1})$ sein. Falls $x_j = 1$ ist, muß $H(x_{i,j}) = G(x_{i,j-1})$ sein. In beiden Fällen ist die Korrektheit durch die Definition der Funktion H offensichtlich. Der Beweis von 3. kann analog geführt werden. □

Eine effiziente Repräsentation der Funktion *HWB* als FBDD erhält man nun, indem man rekursiv auf $H(x_{1,n})$ und $G(x_{1,n})$ die Gleichungen 1.-4. aus dem Lemma anwendet (siehe Abbildung 10.2).

Man sieht durch Induktion, daß pro Ebene nicht mehr als $2n$ verschiedene Funktionen auftauchen. Da aber nach n Zerlegungsschritten die Funktionen durch die Graphen in Abbildung 10.3 gegeben sind, kann es nur n Ebenen geben. Offensichtlich definiert diese Struktur eine FBDD-Repräsentation der Funktion $H_{1,n} = HWB$ der Größe $O(n^2)$.

Satz 10.1 Es gibt ein FBDD der Größe $O(n^2)$ für *HWB* über X_n.

Der Hauptnachteil von FBDDs bei einer praktischen Nutzung liegt zunächst in der Tatsache, daß sie keine kanonische Darstellung Boolescher Funktionen sind [155]. In [84, 158] wurden Erweiterungen vorgestellt, bei der eine zusätzliche Datenstruktur, sozusagen das "Gerüst" gespeichert wird, nach dem die FBDDs aufzubauen sind und durch das die Kanonizität wieder gewährleistet wird. Allerdings gibt es im Gegensatz zu OBDDs auch bei dieser BDD-Variante Operationen, die nicht mehr effizient ausführbar sind [156]. In [83, 20] wurden erste experimentelle Untersuchungen angestellt. Die Leistungsfähigkeit dieses Ansatzes ist noch nicht genau abzuschätzen. Durch die Möglichkeiten, die freie BDDs bieten, werden viele Alternativen bei der Optimierung geschaffen. Bisher gibt es

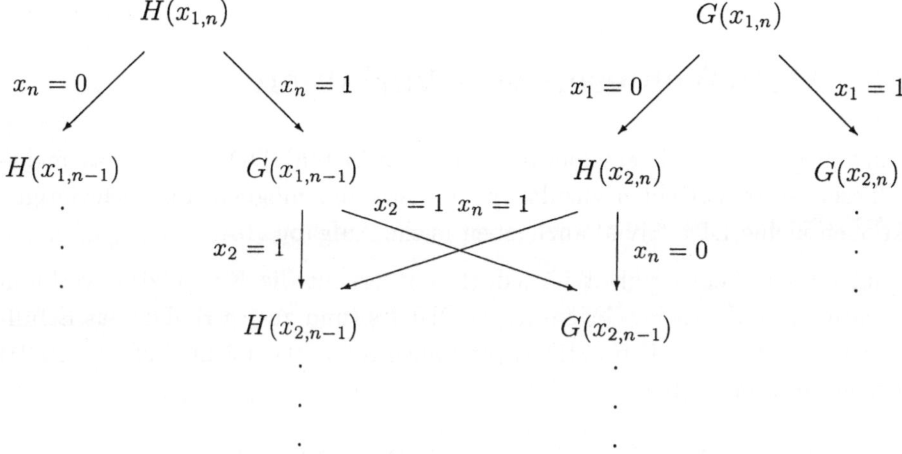

Abbildung 10.2: Terminalfälle für *HWB* als FBDD

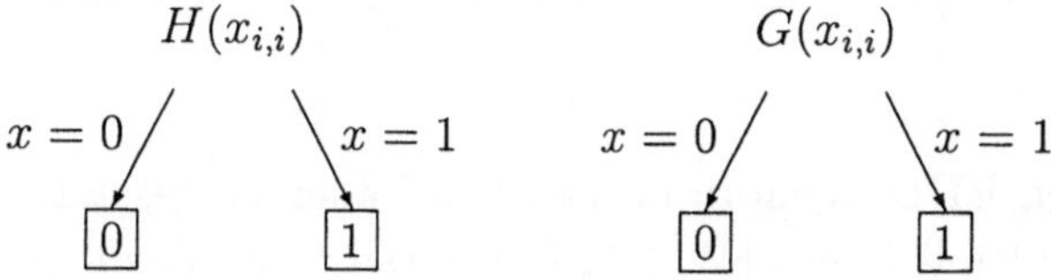

Abbildung 10.3: Effiziente Repräsentation für *HWB* als FBDD

jedoch keinen automatischen Minimerungsalgorithmus (wie *sifting* bei OBDDs), der dieses Potential ausnutzen kann und zufriedenstellende Ergebnisse liefert.

In [11] wurde der Ansatz aus [84, 158] auf OpFDDs übertragen. Die Erweiterung auf andere zuvor besprochenen DD-Typen ist unproblematisch. Allerdings bleibt das Problem, in dem (nochmals vergrößerten) Suchraum erfolgreich zu navigieren. Bisherige Experimente zeigen, daß die Identifikation guter Lösungen deutlich schwieriger wird.

10.4 Mehrfachlesen von Variablen

Eine naheliegende Verallgemeinerung von (geordneten) DDs ist es, das mehrfache Lesen einer Variablen zuzulassen. Es ist dann möglich, für "schwierige" Funktionen kleine DDs trivial anzugeben (siehe Aufgabe 10.1).

Eine auftretende Schwierigkeit ist jedoch, daß erneut die Kanonizität verloren geht. Darüberhinaus ist im Gegensatz zu OBDDs (und auch FBDDs) das Erfüllbarkeitproblem SAT-ONE für BDDs (und auch für FDDs (siehe Aufgabe 10.2)) nicht mehr effizient lösbar:

Satz 10.2 Das Erfüllbarkeitsproblem für BDDs ist NP-vollständig.

Beweis: 3SAT (= Erfüllbarkeitsproblem für konjunktive Normalformen C, deren Klauseln C_i aus je drei Literalen bestehen [81]) wird auf SAT-ONE reduziert. Dazu repräsentieren wir jede Klausel C_i durch ein BDD G_i der Größe 3. Die BDDs für die einzelnen Klauseln setzt man dann zusammen, indem man den 1-Knoten von G_i mit dem Wurzelknoten von G_{i+1} identifiziert. (Dieses "Zusammensetzen" ist erlaubt, da Variablen mehrfach vorkommen dürfen.) Das entstehende BDD besitzt genau dann eine erfüllende Belegung, wenn die konjunktive Normalform C erfüllbar ist. □

Trotzdem wurden BDDs auch in praktischen Fällen eingesetzt, z.B. bei der Verifikation von Multiplizierern [41, 23]. BDDs (auch als *Branching Programs* bezeichnet) wurden theoretisch ausgiebig betrachtet [174, 115].

In [26] wurde eine Alternative diskutiert, bei der das Lesen von Variablen in der selben Ordnung k-mal erlaubt ist, wobei k eine Konstante ist. Die resultierenden Algorithmen bleiben polynomial. Allerdings geht bei manchen Operationen der

Wert k in den Exponenten ein. Auch diese Datenstruktur ist praktisch nicht voll erforscht.

10.5 Mehrwertige Decision Diagrams

Bisher wurden nur Boolesche Variablen betrachtet. Die meisten in der Natur vorkommenden Probleme lassen sich jedoch nicht direkt in dieser Form beschreiben. Daher werden diese Probleme oft kodiert bzw. umformuliert, um sie auf Rechenanlagen behandeln zu können. Dabei geht jedoch häufig das Verständnis für das Problem verloren. Es wäre daher wünschenswert, eine Datenstruktur zur Repräsentation und Manipulation mehrwertiger Probleme zu verwenden.

Es werden nun DDs angeführt, die mehr als zwei ausgehende Kanten pro Knoten besitzen. Diese DDs dienen häufig zur Repräsentation von mehrwertigen Funktionen.

Eine direkte Verallgemeinerung von BDDs auf den mehrwertigen Fall wurde in [161] beschrieben. In den Graphen wird die Shannon-Dekomposition durch eine Fallunterscheidung (den sogeannten *case*-Operator) ersetzt. Die resultierenden DDs werden als *Multi-valued DDs* (MDDs) bezeichnet. MDDs wurden in einigen Bereichen eingesetzt [117, 164, 112, 144, 58] Allerdings wird häufig die mehrwertige Logik durch eine Kodierung auf binäre DD-Typen abgebildet, da bisher keine effiziente Implementierung von dynamischen Minimierungsmethoden für MDDs bekannt ist, auch wenn dies theoretisch keine Probleme bereitet [117, 58].

Für die Mengen- und Funktionendarstellung wurden MDDs in [12] auf *Funktionsgraphen* (FGs) verallgemeinert, die nicht wie MDDs einer globalen Ordnungsrestriktion unterliegen. Weiterhin lassen FGs pro Knoten der Darstellung unterschiedliche Zerlegungstypen zu, die eine weitere Effizienzsteigerung bewirken können.

10.6 Decision Diagrams mit Operationsknoten

Der strukturelle Unterschied zwischen Schaltkreis- und DD-Repräsentation kann dadurch gemindert werden, daß man sogenannte Operationsknoten in die DDs integriert: Wenn z.B. zwei OBDDs F und G mit EXOR verknüpft werden sollen, wird nicht die übliche Syntheseoperation durchgeführt, sondern man führt einen EXOR-Operationsknoten mit zwei ausgehenden Kanten auf die Wurzelknoten von F und G ein. Diese Idee ist in Ansätzen bereits in [95, 155, 82] zu beobachten. Sie wird in voller Allgemeinheit in [89] umgesetzt und durch effiziente Manipulationsalgorithmen ergänzt, die einen "fließenden" Übergang von Schaltkreis in DDs mittels Leveltausch-Operationen ermöglichen. Es gibt erste Anwendungen [4, 47], in denen dieses Konzept weiter verfolgt wird.

Wie praktikabel diese neuen Ansätze sind, wird sich erst in den folgenden Jahren endgültig erweisen.

10.7 Aufgaben

Aufgabe 10.1 Geben Sie ein BDD für die HWB Funktion an, wobei Mehrfachlesen von Variablen erlaubt ist. Vergleichen Sie das resultierende BDD mit dem FBDD für die HWB Funktion, das in diesem Kapitel konstruiert wurde.

Aufgabe 10.2 Zeigen Sie, daß SAT-ONE für FDDs NP-vollständig ist.

Aufgabe 10.3 Untersuchen Sie, wie der Leveltausch zwischen einem (Level bestehend aus) EXOR-Operationsknoten und üblichen Variablenknoten realisiert werden kann.

11 Schlußbemerkung

In diesem Buch wurden graphenbasierte Funktionsdarstellungen behandelt, wie sie heute im computergestützten Schaltkreisentwurf häufig Verwendung finden.

Die unterschiedlichen Repräsentationstypen wurden in einem einheitlichen Formalismus eingeführt und vergleichend gegenübergestellt. Hierbei zeigte sich sowohl von theoretischer als auch praktischer Sicht, daß die verschiedenen Darstellungsformen abhängig von der jeweiligen Anwendung Vor- und Nachteile haben.

Verschiedene Minimierungsmethoden ermöglichten die weitere Kompaktierung der repräsentierten Funktionen. Es wurden Implementierungsmethoden diskutiert, die es dem Leser ermöglichen, auch selbst praktische Erfahrungen zu sammeln.

Abschließend wurden Alternativen untersucht und weitere Anwendungen vorgestellt. Die Vielzahl unterschiedlicher praktischer Beispiele unterstreicht hierbei, daß sich graphenbasierte Funktionsdarstellungen nicht nur in Spezialfällen einsetzen lassen. Vielmehr stellen sie ein Werkzeug dar, das inzwischen auch in anderen Bereichen der Informatik zunehmend Verwendung findet.

Literaturverzeichnis

[1] M. Abramovici, M.A. Breuer, and A.D. Friedman. *Digital Systems Testing and Testable Design.* Computer Science Press, 1990.

[2] M. Ajtai, L. Babai, P. Hajnal, J. Komlos, P. Pudlak, V. Rödl, E. Szemeredi, and G. Turan. Two lower bounds for branching programs. In *Symp. on Theory of Computing*, pages 30–38, 1986.

[3] S.B. Akers. Binary decision diagrams. *IEEE Trans. on Comp.*, 27:509–516, 1978.

[4] H. Andersen and H. Hulgaard. Boolean expression diagrams. In *Logic in Computer Science*, pages 88–98, 1997.

[5] L. Arditi. *BMDs can delay the use of theorem proving for verifying arithmetic assembly instructions. In *FMCAD*, pages 34–48, 1996.

[6] P. Ashar, S. Devadas, and K. Keutzer. Gate-delay-fault testability properties of multiplexor-based networks. In *Int'l Test Conf.*, pages 887–896, 1991.

[7] P. Ashar, S. Devadas, and K. Keutzer. Path-delay-fault testability properties of multiplexor-based networks. *Integration the VLSI Jour.*, 15(1):1–23, 1993.

[8] P. Ashar and S. Malik. Fast functional simulation using branching programs. In *Int'l Conf. on CAD*, pages 408–412, 1995.

[9] R.I. Bahar, E.A. Frohm, C.M. Gaona, G.D. Hachtel, E. Macii, A. Prado, and F. Somenzi. Algebraic decision diagrams and their application. In *Int'l Conf. on CAD*, pages 188–191, 1993.

[10] B. Becker. *Synthesis for Testability: Binary Decision Diagrams*, volume 577 of *LNCS*. Symp. on Theoretical Aspects of Comp. Science, 1992.

[11] B. Becker and R. Drechsler. On the computational power of functional decision diagrams. *20. Workshop über Komplexitätstheorie, Datenstrukturen und effiziente Algorithmen, Berlin*, 1993.

[12] B. Becker and R. Drechsler. Efficient graph based representation of multi-valued functions with application to genetic algorithms. In *Int'l Symp. on multi-valued Logic*, pages 65–72, 1994.

[13] B. Becker and R. Drechsler. Testability of circuits derived from functional decision diagrams. In *European Design & Test Conf.*, page 667, 1994.

[14] B. Becker and R. Drechsler. How many decomposition types do we need? In *European Design & Test Conf.*, pages 438–443, 1995.

[15] B. Becker and R. Drechsler. Synthesis for testability: Circuits derived from ordered Kronecker functional decision diagrams. In *European Design & Test Conf.*, page 592, 1995.

[16] B. Becker and R. Drechsler. Exact minimization of Kronecker expressions for symmetric functions. In *Int'l Symp. Circ. and Systems*, pages IV:388–IV:391, 1996.

[17] B. Becker, R. Drechsler, and R. Enders. On the computational power of bit-level and word-level decision diagrams. In *ASP Design Automation Conf.*, pages 461–467, 1997.

[18] B. Becker, R. Drechsler, and M. Theobald. OKFDDs versus OBDDs and OFDDs. In *ICALP, LNCS 944*, pages 475–486, 1995.

[19] B. Becker, R. Drechsler, and R. Werchner. On the relation between BDDs and FDDs. *Information and Computation*, 123(2):185–197, 1995.

[20] J. Bern, J. Gergov, C. Meinel, and A. Slobodová. Boolean manipulation with free BDD's. First experimental results. In *European Design & Test Conf.*, pages 200–207, 1994.

[21] V. Bertacco, S. Minato, P. Verplaetse, L. Benini, and G. De Micheli. Decision diagrams and pass transistor logic synthesis. In *Int'l Workshop on Logic Synth.*, 1997.

[22] D. Bhattacharya, P. Agrawal, and V.D. Agrawal. Delay fault test generation for scan/hold circuits using Boolean expressions. In *Design Automation Conf.*, pages 159–164, 1992.

[23] J. Bitner, J. Jain, M. Abadir, J. Abraham, and D. Fussel. Efficient algorithmic circuit verification using indexed BDDs. In *Int'l Symp. on Fault-Tolerant Comp.*, pages 266–275, 1994.

[24] B. Bollig, M. Löbbing, M. Sauerhoff, and I. Wegener. Complexity theoretical aspects of OFDDs. *IFIP WG 10.5 Workshop on Applications of the Reed-Muller Expansion in Circuit Design*, pages 198–205, 1995.

[25] B. Bollig, M. Löbbing, and I. Wegener. Simulated annealing to improve variable orderings for OBDDs. In *Int'l Workshop on Logic Synth.*, pages 5b:5.1–5.10, 1995.

[26] B. Bollig, M. Sauerhoff, D. Sieling, and I. Wegener. Read k times ordered binary decision diagrams - efficient algorithms in the precence of null chains. Technical report, Forschungsbericht Nr. 474,Universität Dortmund, 1993.

[27] B. Bollig, P. Savicky, and I. Wegener. On the improvement of variable orderings for OBDDs. *IFIP Workshop on Logic and Architecture Synthesis, Grenoble*, pages 71–80, 1994.

[28] K.S. Brace, R.L. Rudell, and R.E. Bryant. Efficient implementation of a BDD package. In *Design Automation Conf.*, pages 40–45, 1990.

[29] R.K. Brayton, G.D. Hachtel, C. McMullen, and A.L. Sangiovanni-Vincentelli. *Logic Minimization Algorithms for VLSI Synthesis.* Kluwer Academic Publishers, 1984.

[30] R.K. Brayton, R. Rudell, A.L. Sangiovanni-Vincentelli, and A.R. Wang. MIS: A multiple - level logic optimization system. *IEEE Trans. on Comp.*, 6(6):1062–1081, 1987.

[31] F. Brglez, D. Bryan, and K. Kozminski. Combinational profiles of sequential benchmark circuits. In *Int'l Symp. Circ. and Systems*, pages 1929–1934, 1989.

[32] F. Brglez and H. Fujiwara. A neutral netlist of 10 combinational circuits and a target translator in fortran. In *Int'l Symp. Circ. and Systems, Special Sess. on ATPG and Fault Simulation*, pages 663–698, 1985.

[33] S.D. Brown, R.J. Francis, J. Rose, and Z.G. Vranesic. *Field-Programmable Gate Arrays.* Kluwer Academic Publisher, 1992.

[34] R.E. Bryant. Graph - based algorithms for Boolean function manipulation. *IEEE Trans. on Comp.*, 35(8):677–691, 1986.

[35] R.E. Bryant. On the complexity of VLSI implementations and graph representations of Boolean functions with application to integer multiplication. *IEEE Trans. on Comp.*, 40:205–213, 1991.

[36] R.E. Bryant. Symbolic Boolean manipulation with ordered binary decision diagrams. *ACM, Comp. Surveys*, 24:293–318, 1992.

[37] R.E. Bryant. Binary decision diagrams and beyond: Enabeling techniques for formal verification. In *Int'l Conf. on CAD*, pages 236–243, 1995.

[38] R.E. Bryant and Y.-A. Chen. Verification of arithmetic functions with binary moment diagrams. Technical report, CMU-CS-94-160, 1994.

[39] R.E. Bryant and Y.-A. Chen. Verification of arithmetic functions with binary moment diagrams. In *Design Automation Conf.*, pages 535–541, 1995.

[40] P. Buch, A. Narayan, A.R. Newton, and A.L. Sangiovanni-Vincentelli. On synthesizing pass transistor networks. In *Int'l Workshop on Logic Synth.*, 1997.

[41] J.R. Burch. Using BDDs to verify multipliers. In *Design Automation Conf.*, pages 408–412, 1991.

[42] J.R. Burch, E.M. Clarke, D.L. Dill, and K.L. McMillan. Sequential circuit verification using symbolic model checking. In *Design Automation Conf.*, pages 46–51, 1990.

[43] J.R. Burch, E.M. Clarke, K.L. McMillan, D.L. Dill, and L.J. Hwang. Symbolic model checking: 10^{20} states and beyond. *Information and Computation*, 98(2):142–170, 1992.

[44] G. Cabodi, P. Camurati, L. Lavagno, and S. Quer. Verification and synthesis of counters based on symbolic techniques. In *European Design & Test Conf.*, pages 176–181, 1997.

[45] Y. Chen, E. Clarke, P. Ho, Y. Hoskote, T. Kam, M. Khaira, J. O'Leary, and X. Zhao. Verification of all circuits in a floating-point unit using word-level model checking. In *FMCAD*, pages 389–403, 1996.

[46] Y.-A. Chen and R.E. Bryant. ACV: an arithmetic circuit verifier. In *Int'l Conf. on CAD*, pages 361–365, 1996.

[47] Y.-A. Chen, B. Yang, and R.E. Bryant. Breadth-first with depth-first bdd construction: A hybrid approach. Technical report, CMU-CS-97-120, 1997.

[48] H. Cho, S. Jeong, F. Somenzi, and C. Pixley. Synchronizing sequences and symbolic traversal techniques in test generation. *Jour. of Electronic Testing: Theory and Applications*, 4:19–31, 1993.

[49] E. Clarke, M. Fujita, P. McGeer, K.L. McMillan, J. Yang, and X. Zhao. Multi terminal binary decision diagrams: An efficient data structure for matrix representation. In *Int'l Workshop on Logic Synth.*, pages P6a:1–15, 1993.

[50] E.M. Clarke, M. Fujita, and X. Zhao. Application of multi-terminal binary decision diagrams. *IFIP WG 10.5 Workshop on Applications of the Reed-Muller Expansion in Circuit Design*, pages 21–27, 1995.

[51] E.M. Clarke, M. Fujita, and X. Zhao. Hybrid decision diagrams - overcoming the limitations of MTBDDs and BMDs. In *Int'l Conf. on CAD*, pages 159–163, 1995.

[52] E.M. Clarke, K.L. McMillan, X. Zhao, M. Fujita, and J. Yang. Spectral transforms for large Boolean functions with application to technology mapping. In *Design Automation Conf.*, pages 54–60, 1993.

[53] O. Coudert. Two-level logic minimization: an overview. *Integration the VLSI Jour.*, (17):97–140, 1994.

[54] O. Coudert, C. Berthet, and J.C. Madre. Verification of sequential machines based on symbolic execution. In *Automatic Verification Methods for Finite State Systems, LNCS 407*, pages 365–373, 1989.

[55] O. Coudert, H. Fraisse, and J.C. Madre. A breakthrough in two-level logic minimization. In *Int'l Workshop on Logic Synth.*, page P2b, 1993.

[56] M. Davio, J.P. Deschamps, and A. Thayse. *Discrete and Switching Functions.* McGraw-Hill, 1978.

[57] R. Drechsler. BiTeS: A BDD based test pattern generator for strong robust path delay faults. In *European Design Automation Conf.*, pages 322–327, 1994.

[58] R. Drechsler. Verification of multi-valued logic networks. In *Int'l Symp. on multi-valued Logic*, pages 10–15, 1996.

[59] R. Drechsler. Pseudo Kronecker expressions for symmetric functions. In *VLSI Design Conf.*, pages 511–513, 1997.

[60] R. Drechsler and B. Becker. Dynamic minimization of OKFDDs. In *Int'l Conf. on Comp. Design*, pages 602–607, 1995.

[61] R. Drechsler and B. Becker. Sym*pathy*: Fast exact minimization of fixed polarity Reed-Muller expressions for symmetric functions. In *European Design & Test Conf.*, pages 91–97, 1995.

[62] R. Drechsler and B. Becker. Relation between OFDDs and FPRMs. *Electronic Letters*, 32:1975–1976, 1996.

[63] R. Drechsler, B. Becker, and N. Göckel. A genetic algorithm for RKRO minimization. In *Int'l Symp. on Artificial Intelligence*, pages 266–275, 1995.

[64] R. Drechsler, B. Becker, and A. Jahnke. On variable ordering and decomposition type choice in OKFDDs. In *IFIP International Conference on VLSI'95*, pages 805–810, 1995.

[65] R. Drechsler, B. Becker, and S. Ruppertz. K*BMDs: A new data structure for verification. In *European Design & Test Conf.*, pages 2–8, 1996.

[66] R. Drechsler, B. Becker, and S. Ruppertz. The K*BMD: A verification data structure. *IEEE Design & Test of Comp.*, pages 51–59, 1997.

[67] R. Drechsler, B. Becker, and S. Ruppertz. Manipulation algorithms for K*BMDs. In *Tools and Algorithms for the Constuction and Analysis of Systems, LNCS*, pages 4–18, 1997.

[68] R. Drechsler, A. Sarabi, M. Theobald, B. Becker, and M.A. Perkowski. Efficient representation and manipulation of switching functions based on ordered Kronecker functional decision diagrams. In *Design Automation Conf.*, pages 415–419, 1994.

[69] R. Drechsler, M. Theobald, and B. Becker. Fast OFDD based minimization of fixed polarity Reed-Muller expressions. In *European Design Automation Conf.*, pages 2–7, 1994.

[70] R. Enders. Note on the complexity of binary moment diagram representations. *IFIP WG 10.5 Workshop on Applications of the Reed-Muller Expansion in Circuit Design*, pages 191–197, 1995.

[71] B. Eschermann. *Funktionaler Entwurf digitaler Schaltungen.* Springer Verlag, 1993.

[72] H. Eveking. *Verifikation digitaler Systeme.* B.G. Teubner, Stuttgart, 1991.

[73] H. Fleisher and L. Maissel. An introduction to array logic. *IBM J. Res. and Develop.*, 19:98–109, 1975.

[74] S.J. Friedman and K.J. Supowit. Finding the optimal variable ordering for binary decision diagrams. In *Design Automation Conf.*, pages 348–356, 1987.

[75] K. Fuchs, F. Fink, and M.H. Schulz. DYNAMITE: An efficient automatic test pattern generation system for path delay faults. *IEEE Trans. on CAD*, 10(10):1323–1335, 1991.

[76] H. Fujii, G. Ootomo, and C. Hori. Interleaving based variable ordering methods for ordered binary decision diagrams. In *Int'l Conf. on CAD*, pages 38–41, 1993.

[77] M. Fujita, H. Fujisawa, and N. Kawato. Evaluation and improvements of Boolean comparison method based on binary decision diagrams. In *Int'l Conf. on CAD*, pages 2–5, 1988.

[78] M. Fujita, Y. Matsunaga, and T. Kakuda. On variable ordering of binary decision diagrams for the application of multi-level synthesis. In *European Conf. on Design Automation*, pages 50–54, 1991.

[79] H. Fujiwara. *Logic Testing and Design for Testability.* The MIT Press, 1985.

[80] R.K. Gaede, M.R. Mercer, K.M. Butler, and D.E. Ross. CATAPULT: Concurrent automatic testing allowing parallelization and using limited topology. In *Design Automation Conf.*, pages 597–600, 1988.

[81] M.R. Garey and D.S. Johnson. *Computers and Intractability - A Guide to NP-Completeness.* Freemann, San Francisco, 1979.

[82] J. Gergov and C. Meinel. Mod-2-OBDD's: a generalization of OBDD's and EXOR-sum-of-products. *IFIP WG 10.5 Workshop on Applications of the Reed-Muller Expansion in Circuit Design*, pages 170–175, 1993.

[83] J. Gergov and C. Meinel. Boolean manipulation with free BDDs - an application in combinational logic verification. *13th IFIP World Computer Congress*, pages 309–314, 1994.

[84] J. Gergov and C. Meinel. Efficient analysis and manipulation of OBDDs can be extended to FBDDs. *IEEE Trans. on Comp.*, 43:1197–1209, 1994.

[85] P. Goel. An implicit enumeration algorithm to generate test for combinational logic. *IEEE Trans. on Comp.*, 30:215–222, 1981.

[86] G. Hachtel and F. Somenzi. *Logic Synthesis and Verification Algorithms.* Kluwer Academic Publisher, 1996.

[87] K. Hamaguchi, A. Morita, and S. Yajima. Efficient construction of binary moment diagrams for verifying arithmetic circuits. In *Int'l Conf. on CAD*, pages 78–82, 1995.

[88] H. Hengster, R. Drechsler, S. Eckrich, T. Pfeiffer, and B. Becker. AND/EXOR based synthesis of testable KFDD-circuits with small depth. In *Asian Test Symp.*, pages 148–154, 1996.

[89] A. Hett, R. Drechsler, and B. Becker. Fast and efficient construction of BDDs by reordering based synthesis. In *European Design & Test Conf.*, pages 168–175, 1997.

[90] A. Hett and K. Nowak. Effiziente Repräsentation und Manipulation Boolescher Funktionen durch Entscheidungsdiagramme. Master's thesis, Johann Wolfgang Goethe-Universität, 1995.

[91] S. Höreth. Implementation of a multiple-domain decision diagram package. In *CHARME*, Chapman & Hall, pages 185–202, 1997.

[92] N. Ishiura. Synthesis of multi-level logic circuits from binary decision diagrams. In *SASIMI*, pages 74–83, 1992.

[93] N. Ishiura, H. Sawada, and S. Yajima. Minimization of binary decision diagrams based on exchange of variables. In *Int'l Conf. on CAD*, pages 472–475, 1991.

[94] J. Jain, M. Abadir, J. Bitner, D. Fussell, and J. Abraham. IBDDs: An efficient functional representation for digital circuits. In *European Conf. on Design Automation*, pages 441–446, 1992.

[95] S.-W. Jeong, B. Plessier, G. Hachtel, and F. Somenzi. Extended BDD's: Trading of canonicity for structure in verification algorithms. In *Int'l Conf. on CAD*, pages 464–467, 1991.

[96] U. Kebschull, E. Schubert, and W. Rosenstiel. Multilevel logic synthesis based on functional decision diagrams. In *European Conf. on Design Automation*, pages 43–47, 1992.

[97] M. Keim, B. Becker, and B. Stenner. On the (non-) resetability of synchronous sequential circuits. In *VLSI Test Symp.*, pages 240–245, 1996.

[98] M. Keim, M. Martin, B. Becker, R. Drechsler, and P. Molitor. Polynomial formal verification of multipliers. In *VLSI Test Symp.*, pages 150–155, 1997.

[99] T. Kozlowski, E. L. Dagless, and J. M. Saul. An enhanced algorithm for the minimization of exclusive-or sum-of-products for incompletely specified functions. In *Int'l Conf. on Comp. Design*, pages 244–249, 1995.

[100] R. Krieger, B. Becker, and M. Keim. A hybrid fault simulator for synchronous sequential circuits. In *Int'l Test Conf.*, pages 614–623, 1994.

[101] R. Krieger, B. Becker, and M. Keim. Symbolic fault simulation for sequential circuits and the multiple observation time test strategy. In *Design Automation Conf.*, pages 339–344, 1995.

[102] R. Krieger, B. Becker, and C. Ökmen. OBDD-based optimization of input probabilities for weighted random test. In *Int'l Symp. on Fault-Tolerant Comp.*, pages 120–129, 1995.

[103] R. Krieger, B. Becker, and R. Sinković. A BDD-based algorithm for computation of exact fault detection probabilities. In *Int'l Symp. on Fault-Tolerant Comp.*, pages 186–195, 1993.

[104] Y.-T. Lai and S. Sastry. Edge-valued binary decision diagrams for multilevel hierarchical verification. In *Design Automation Conf.*, pages 608–613, 1992.

[105] L. Lavagno, P. McGeer, A. Saldanha, and A.L. Sangiovanni-Vincentelli. Timed shannon circuits: A power-efficient design style and synthesis tool. In *Design Automation Conf.*, pages 254–260, 1995.

[106] C.Y. Lee. Representation of switching circuits by binary decision diagrams. *Bell System Technical Jour.*, 38:985–999, 1959.

[107] R. Lipsett, C.F. Schaefer, and C. Ussery. *VHDL: Hardware Description and Design.* Cluwer Academic Publishers, Intermetrics, Inc., 1989.

[108] M. Löbbing, O. Schröer, and I. Wegener. The theory of zero-suppresed BDDs and the number of knight's tours. *IFIP WG 10.5 Workshop on Applications of the Reed-Muller Expansion in Circuit Design*, pages 38–45, 1995.

[109] D.E. Long. *Long-Package Sun Release 4.1 Overview of C Library Functions.* 1993.

[110] S. Malik, A.R. Wang, R.K. Brayton, and A.L. Sangiovanni-Vincentelli. Logic verification using binary decision diagrams in a logic synthesis environment. In *Int'l Conf. on CAD*, pages 6–9, 1988.

[111] E.J. McCluskey. Minimization of Boolean functions. *Bell System Technical Jour.*, 35, 1956.

[112] P.C. McGeer, K.L. McMillan, A. Saldanha, A.L. Sangiovanni-Vincentelli, and P. Scaglia. Fast discrete function evaluation using decision diagrams. In *Int'l Conf. on CAD*, pages 402–407, 1995.

[113] K.L. McMillan. *Symbolic Model Checking.* Kluwer Academic Publisher, 1993.

[114] K. Mehlhorn. *Datenstrukturen und effiziente Algorithmen - Band 1 Sortieren und Suchen.* B.G. Teubner, Stuttgart, 1988.

[115] C. Meinel. *Modified Branching Programs and their Computational Power*, volume 370 of *LNCS.* Springer Verlag, 1989.

[116] C. Meinel and A. Slobodová. Speeding up variable reordering of OBDD. In *Int'l Conf. on Comp. Design*, pages 338–343, 1997.

[117] D.M. Miller. Multiple-valued logic design tools. In *Int'l Symp. on multi-valued Logic*, pages 2–11, 1993.

[118] S. Minato. Zero-suppressed BDDs for set manipulation in combinational problems. In *Design Automation Conf.*, pages 272–277, 1993.

[119] S. Minato. Graph-based representation of discrete functions. *IFIP WG 10.5 Workshop on Applications of the Reed-Muller Expansion in Circuit Design*, pages 1–10, 1995.

[120] S. Minato, N. Ishiura, and S. Yajima. Shared binary decision diagrams with attributed edges for efficient Boolean function manipulation. In *Design Automation Conf.*, pages 52–57, 1990.

[121] D. Möller, P. Molitor, and R. Drechsler. Symmetry based variable ordering for ROBDDs. *IFIP Workshop on Logic and Architecture Synthesis, Grenoble*, pages 47–53, 1994.

[122] C. Ökmen, M. Keim, R. Krieger, and B. Becker. On optimizing BIST architecture by using OBDD-based approaches and genetic algorithms. In *VLSI Test Symp.*, pages 426–431, 1997.

[123] S. Panda and F. Somenzi. Who are the variables in your neighborhood. In *Int'l Conf. on CAD*, pages 74–77, 1995.

[124] S. Panda, F. Somenzi, and B.F. Plessier. Symmetry detection and dynamic variable ordering of decision diagrams. In *Int'l Conf. on CAD*, pages 628–631, 1994.

[125] M.S. Paterson. On Razborov's result for bounded depth circuits over $\{\oplus, \wedge\}$. Technical report, University Warwick, 1986.

[126] M.A. Perkowski. The generalized orthonormal expansion of functions with multiple-valued inputs and some of its application. In *Int'l Symp. on multi-valued Logic*, pages 442–450, 1992.

[127] M.A. Perkowski. A fundamental theorem for exor circuits. *IFIP WG 10.5 Workshop on Applications of the Reed-Muller Expansion in Circuit Design*, pages 52–60, 1993.

[128] M.A. Perkowski, A. Sarabi, and F. Beyl. XOR canonical forms of switching functions. *IFIP WG 10.5 Workshop on Applications of the Reed-Muller Expansion in Circuit Design*, pages 27–32, 1993.

[129] C. Pixley, S. Jeong, and G. Hachtel. Exact calculation of synchonization sequences based on binary decision diagrams. In *Design Automation Conf.*, pages 620–623, 1992.

[130] C. Pixley, S. Jeong, and G. Hachtel. Exact calculation of synchonization sequences based on binay decision diagrams. *IEEE Trans. on CAD*, 13:1024–1034, 1994.

[131] S. Ponzio. A lower bound for integer multiplication with read-once branching programs. In *Symp. on Theory of Computing*, pages 130–139, 1995.

[132] W. Quine. The problem of simplifying truth functions. *Amer. Math. Monthly*, 59:521–531, 1952.

[133] W. Quine. A way to simplify truth functions. *Amer. Math. Monthly*, 62:627–631, 1955.

[134] R.K. Ranjan, J.V. Sanghavi, R.K. Brayton, and A. Sangiovanni-Vincentelli. High performance BDD package based on exploiting memory hierarchy. In *Design Automation Conf.*, pages 635–640, 1996.

[135] I.S. Reed. A class of multiple-error-correcting codes and their decoding scheme. *IRE Trans. on Inf. Theory*, 3:6–12, 1954.

[136] E.M. Reingold, J. Nievergelt, and N. Deo. *Combinatorial Algorithms - Theory and Practice.* Prentice-Hall, Inc., 1977.

[137] D.E. Ross, K.M. Butler, R. Kapur, and M.R. Mercer. Fast functional evaluation of candidate OBDD variable ordering. In *European Conf. on Design Automation*, pages 4–9, 1991.

[138] R. Rudell. Dynamic variable ordering for ordered binary decision diagrams. In *Int'l Conf. on CAD*, pages 42–47, 1993.

[139] A. Sarabi, P.F. Ho, K. Iravani, W.R. Daasch, and M.A. Perkowski. Minimal multi-level realization of switching functions based on Kronecker functional decision diagrams. In *Int'l Workshop on Logic Synth.*, pages P3a:1–6, 1993.

[140] T. Sasao. AND-EXOR expressions and their optimization. In T. Sasao, editor, *Logic Synthesis and Optimization*, pages 287–312. Kluwer Academic Publisher, 1993.

[141] T. Sasao. EXMIN2: A simplification algorithm for Exclusive-OR-Sum-of products expressions for multiple-valued-input two-valued-output functions. *IEEE Trans. on CAD*, 12:621–632, 1993.

[142] T. Sasao. *Logic Synthesis and Optimization.* Kluwer Academic Publisher, 1993.

[143] T. Sasao. Representation of logic functions using EXOR operators. *IFIP WG 10.5 Workshop on Applications of the Reed-Muller Expansion in Circuit Design*, pages 11–20, 1995.

[144] T. Sasao and J.T. Butler. Planar multiple-valued decision diagrams. In *Int'l Symp. on multi-valued Logic*, pages 28–35, 1995.

[145] T. Sasao, H. Hamachi, S. Wada, and M. Matsuura. Multi-level logic synthesis based on pseudo-Kronecker decision diagrams and local transformation. *IFIP WG 10.5 Workshop on Applications of the Reed-Muller Expansion in Circuit Design*, pages 152–160, 1995.

[146] T. Sasao and F. Izuhara. Exact minimization of AND-EXOR expressions using multi-terminal EXOR ternary decision diagrams. In *IFIP WG 10.5 Workshop on Applications of the Reed-Muller Expansion in Circuit Design*, pages 213–220, 1995.

[147] M. Sauerhoff, I. Wegener, and R. Werchner. Optimal ordered binary decision diagrams for fanout-free circuits. In *SASIMI*, pages 197–204, 1996.

[148] I. Schaefer, M.A. Perkowski, and H.Wu. Multilevel logic synthesis for cellular FPGAs based on orthogonal expansions. *IFIP WG 10.5 Workshop on Applications of the Reed-Muller Expansion in Circuit Design*, pages 42–51, 1993.

[149] C. Scholl, R. Drechsler, and B. Becker. Functional simulation using binary decision diagrams. In *Int'l Conf. on CAD*, 1997.

[150] E. Schubert, U. Kebschull, and W. Rosenstiel. FDD based technology mapping for FPGA. In *Proceedings of EUROASIC*, pages 14–18, 1992.

[151] E. Schubert, U. Kebschull, and W. Rosenstiel. Some optimizations for functional decision diagrams. *IFIP WG 10.5 Workshop on Applications of the Reed-Muller Expansion in Circuit Design*, pages 176–180, 1993.

[152] M. Schulz, E. Trischler, and T. Sarfert. SOCRATES: A highly efficient automatic test pattern generation system. In *Int'l Test Conf.*, pages 1016–1026, 1987.

[153] E. Sentovich. A brief study of BDD package performance. In *FMCAD*, pages 389–403, 1996.

[154] E. Sentovich, K. Singh, L. Lavagno, Ch. Moon, R. Murgai, A. Saldanha, H. Savoj, P. Stephan, R. Brayton, and A. Sangiovanni-Vincentelli. SIS: A system for sequential circuit synthesis. Technical report, University of Berkeley, 1992.

[155] A. Shen, S. Devadas, and A. Ghosh. Probabilistic construction and manipulation of free Boolean diagrams. In *Int'l Conf. on CAD*, pages 544–549, 1993.

[156] D. Sieling. On the complexity of operations on graph driven BDDs and tree driven BDDs. Technical report, Forschungsbericht Nr. 554,Universität Dortmund, 1994.

[157] D. Sieling and I. Wegener. Reduction of BDDs in linear time. *Information Processing Letters*, 48(3):139–144, 11 1993.

[158] D. Sieling and I. Wegener. Graph driven BDDs - a new data structure for Boolean functions. *Theoretical Computer Science*, 141:283–310, 1995.

[159] F. Somenzi. *CUDD: CU Decision Diagram Package Release 2.1.2.* University of Colorado at Boulder, 1997.

[160] N. Song and M.A. Perkowski. New fast approach to approximate ESOP minimization for incompletely specified multi-output functions. *IFIP WG 10.5 Workshop on Applications of the Reed-Muller Expansion in Circuit Design*, pages 61–72, 1997.

[161] A. Srinivasan, T. Kam, S. Malik, and R.E. Brayton. Algorithms for discrete function manipulation. In *Int'l Conf. on CAD*, pages 92–95, 1990.

[162] S. Srinivasan, G. Swaminathan, J. Aylor, and M. Mercer. Algebraic ATPG of combinational circuits using binary decision diagrams. In *European Test Conf.*, pages 240–248, 1993.

[163] T. Stanion and D. Bhattacharya. TSUNAMI: a path oriented scheme for algebraic test generation. In *Int'l Symp. on Fault-Tolerant Comp.*, pages 36–43, 1991.

[164] R.S. Stankovic, M. Stankovic, C. Moraga, and T. Sasao. Calculation of Reed-Muller-Fourier coefficients of multiple-valued functions through multi-place decision diagrams. In *Int'l Symp. on multi-valued Logic*, pages 82–88, 1994.

[165] B. Stroustrup. *Die C++ Programmiersprache.* Addision-Wesley, 1992.

[166] G. Swamy, R. Brayton, and P. McGeer. A fully implicite Quine-McClusky procedure using BDD's. In *Int'l Workshop on Logic Synth.*, pages 2b1–2b16, 1993.

[167] P. Tafertshofer and M. Pedram. Factored edge-valued binary decision diagrams. *Formal Methods in System Design: An International Journal*, 10(2):243–270, 1997.

[168] H. Touati, H. Savoj, B. Lin, R.K. Brayton, and A.L. Sangiovanni-Vincentelli. Implicit enumeration of finite state machines using BDDs. In *Int'l Conf. on CAD*, pages 130–133, 1990.

[169] C.C. Tsai and M. Marek-Sadowska. Efficient minimization algorithms for fixed polarity AND/XOR canonical networks. In *Great Lakes Symp. VLSI*, pages 76–79, 1993.

[170] C.C. Tsai and M. Marek-Sadowska. Boolean matching using generalized Reed-Muller forms. In *Design Automation Conf.*, pages 339–344, 1994.

[171] C.C. Tsai and M. Marek-Sadowska. Detecting symmetric variables in Boolean functions using generalized Reed-Muller forms. In *Int'l Symp. Circ. and Systems*, pages 1.287–1.290, 1994.

[172] C.C. Tsai and M. Marek-Sadowska. Logic synthesis for testability. In *Great Lakes Symp. VLSI*, pages 118–121, 1996.

[173] C.C. Tsai and M. Marek-Sadowska. Multilevel logic synthesis for arithmetic functions. In *Design Automation Conf.*, pages 242–247, 1996.

[174] I. Wegener. *The Complexity of Boolean Functions.* John Wiley & Sons Ltd., and B.G. Teubner, Stuttgart, 1987.

[175] I. Wegener. On the complexity of branching programs and decision trees for clique functions. *Journal of the ACM*, 35(2):461–471, 1988.

[176] I. Wegener. Efficient data structures for Boolean functions. *Discrete Mathematics*, 136:347–372, 1994.

[177] J. Wehbeh and D. Saab. On the initialization of sequential circuits. In *Int'l Test Conf.*, pages 233–239, 1994.

[178] R. Werchner, T. Harich, R. Drechsler, and B. Becker. Satisfiability problems for ordered functional decision diagrams. *IFIP WG 10.5 Workshop on Applications of the Reed-Muller Expansion in Circuit Design*, pages 206–212, 1995.

[179] L.R. Wiener. *Digitales Verhängnis - Gefahren der Abhängigkeit von Computern und Programmen.* Addison-Wesley, 1994.

[180] H.J. Wunderlich. *Hochintegrierte Schaltungen: Prüfgerechter Entwurf und Test.* Springer Verlag, 1991.

[181] S. Yang. Logic synthesis and optimization benchmarks user guide. Technical Report 1/95, Microelectronic Center of North Carolina, Jan. 1991.

[182] Y. Ye and K. Roy. Graph-based synthesis algorithms for AND/XOR networks. In *Design Automation Conf.*, pages 107–112, 1997.

Index